Daniel Auernhammer

Integrierte Lagesensorik für ein adaptives mikrooptisches Ablenksystem

Schriften des Instituts für Mikrostrukturtechnik
am Karlsruher Institut für Technologie
Band 11

Hrsg. Institut für Mikrostrukturtechnik

Eine Übersicht über alle bisher in dieser Schriftenreihe erschienenen Bände finden Sie am Ende des Buchs.

Integrierte Lagesensorik für ein adaptives mikrooptisches Ablenksystem

von
Daniel Auernhammer

KIT Scientific Publishing

Dissertation, Karlsruher Institut für Technologie
Fakultät für Maschinenbau
Tag der mündlichen Prüfung: 28. Juni 2011
Hauptreferent: Prof. Dr. rer. nat. V. Saile
Korreferent: Prof. Dr.-Ing. M. Kamlah

Impressum

Karlsruher Institut für Technologie (KIT)
KIT Scientific Publishing
Straße am Forum 2
D-76131 Karlsruhe
www.ksp.kit.edu

KIT – Universität des Landes Baden-Württemberg und nationales
Forschungszentrum in der Helmholtz-Gemeinschaft

KIT Scientific Publishing 2012
Print on Demand

ISSN: 1869-5183
ISBN: 978-3-86644-829-2

Integrierte Lagesensorik für ein adaptives mikrooptisches Ablenksystem

Zur Erlangung des akademischen Grads eines

Doktors der Ingenieurswissenschaften

von der Fakultät für Maschinenbau des
Karlsruher Instituts für Technologie (KIT)
genehmigte

Dissertation

von

Dipl.-Ing. Daniel Auernhammer

Tag der mündlichen Prüfung: 28.06.2011
Hauptreferent: Prof. Dr. rer. nat. V. Saile
Korreferent: Prof. Dr.-Ing. M. Kamlah

Danksagung

Die vorliegende Arbeit entstand während meiner Tätigkeit am Institut für Mikrostrukturtechnik (IMT) des Karlsruher Instituts für Technologie.
Mein besonderer Dank gilt Herrn PD Dr. rer. nat. Manfred Kohl für die Betreuung dieser Arbeit.
Herrn Professor Dr. rer. nat. Volker Saile möchte ich für die wohlwollende Begleitung dieser Arbeit und die Übernahme des Hauptreferats danken.
Herrn Professor Dr.-Ing. Marc Kamlah danke ich für die Übernahme des Koreferats und seine wertvollen Beiträgen für diese Arbeit.
Mein spezieller Dank gilt Herrn Dr. Makoto Ohtsuka für die Bereitstellung der Dünnfilme, ohne die diese Arbeit nicht möglich gewesen wäre.
Ganz herzlich bedanke ich mich bei allen Mitgliedern der Arbeitsgruppe und den Mitarbeitern des Instituts für die kollegiale Zusammenarbeit und die vielen konstruktiven Beiträge und Diskussionen, welche ganz wesentlich zum Gelingen dieser Arbeit beigetragen haben. Darüber hinaus gilt mein besonderer Dank Herrn Dr. Thomas Grund und Herrn Dr. Berthold Krevet für die immer hilfreiche und motivierende Unterstützung.

Daniel Auernhammer

Kurzfassung

Durch die Verwendung von ferromagnetischen Formgedächtnislegierungen in Form von metallischen Dünnfilmen eröffnen sich in der Mikrostrukturtechnik neue Möglichkeiten zur Herstellung von elektromechanischen Systemen. Das Potential wird an einem Biegeaktor aus Ni-Mn-Ga zur Strahlablenkung sichtbar, welcher sich durch große Ablenkwinkel bei kompakten Systemabmessungen auszeichnet.

Neben dem rein aktorischen Einsatz ermöglicht dieses Material auch eine sensorische Verwendung. Dazu wird im Rahmen dieser Arbeit dessen Eignung zur Positionsermittlung eines Biegeaktors zur Strahlablenkung untersucht. Der dabei zu Grunde liegende Magnetowiderstandseffekt führt in Abhängigkeit von einem extern anliegenden magnetischen Feld zu einer Reduktion des elektrischen Widerstandes in der Legierung. Die genaue Ausprägung des Effektes ist Gegenstand einer Materialcharakterisierung von Ni-Mn-Ga, die auch mechanische und thermische Parameter umfasst. Deren Werte tragen zur Erweiterung eines Finiten-Elemente-Modells bei, das zur umfassenden Simulation des Formgedächtniseffektes dient.

Zur besseren Vergleichbarkeit wurden nahezu alle grundlegenden Untersuchungen bereits mit einer Probe in Gestalt des Biegebalken-Aktors durchgeführt. Zusätzlich wurde für die sichere Bestimmung der elektrischen und magnetischen Eigenschaften ein rechnergestütztes Analysesystem entwickelt und aufgebaut, welches die benötigte Messpräzision bereitstellt. Die Versuchsreihen fanden unter kontrollierten thermischen Bedingungen statt, um einen sicheren Abgleich der ermittelten Materialdaten zu gewährleisten. Auch kamen bei der Herstellung der Aktoren angepasste Methoden zum Einsatz, um die Fertigungsqualität zu steigern.

Neben dem Dünnfilm-Biegebalken umfasst das miniaturisierte Aktorsystem auch eine Haltestruktur zur Aufnahme eines Permanentmagneten. Der aktive Betrieb basiert auf den zwei intrinsischen Prinzipien in Form eines thermisch induzierten Formgedächtniseffektes und der thermisch beeinflussbaren ferromagnetischen Materialeigenschaften. Zur besseren Bewertung von unterschiedlichen Sensorkonzepten werden vergleichbare Bedingungen angestrebt, die durch eine für diese Versuche angepasste Haltestruktur mit fest vorgegebener Aktorauslenkung und neuer Magnetposition unterhalb des Aktors sichergestellt werden. So lassen sich externe Sensoren zur Positionsbestimmung des Aktors integrieren, welche die Referenzwerte zur Beurteilung der intrinsischen Methode liefern.

Ausführlich untersucht wurden das kapazitive Konzept unter Verwendung des Biegebalkens als Elektrode und die Widerstandsänderung in einem auf dem Aktor aufgebrachten Dehnmessstreifen, wobei jeweils eine Modellrechnung den real ermittelten Werten gegenübergestellt wurde.

Die erzielten Ergebnisse flossen in die Konstruktion eines in vier Freiheitsgraden einstellbaren Versuchsstandes ein, der die Umsetzung des intrinsischen Magnetowiderstandseffektes zur Positionsbestimmung mit Permanentmagneten ermöglichen soll. Die Experimente zeigen, dass ein einzelner miniaturisierter Permanentmagnet im Bereich der Aktorbewegung zur Signalgenerierung nicht ausreicht. Unter dieser Voraussetzung wurde ein verbessertes Konzept mit zwei Permantmagneten entwickelt und getestet. Die so erzielten Ergebnisse wurden in einer Simulationsrechnung bestätigt.

Die vorliegenden Ergebnisse ermöglichen die Einordnung des Magnetowiderstandseffektes der Formgedächtnislegierung Ni-Mn-Ga zur Verwendung bei der Positionsbestimmung eines Biegeaktors.

Abstract

The use of ferromagnetic shape memory thin-films in microstructure technology leads to novel approaches for electro-mechanical systems. The potential of this material becomes exemplarily visible in form of a bending actuator for optical beam deflection made of the alloy Ni-Mn-Ga, featuring large deflection angles and compact system dimensions.

Apart from the application as an actuator, the material also features sensor characteristics. Within the scope of this thesis, the ability of the alloy for position detection of the bending beam actuator is evaluated. On the basis of the magnetoresistance effect, the presence of an external magnetic field results in a reduction of the electrical resistance of the alloy. The determination of the material characteristic is part of a series of experiments, also covering mechanical and thermal influences. The results obtained are utilized to implement a finite element model for the simulation of the shape memory effect.

To ensure the comparability of the results of different experiments, most of them are conducted using a double beam design of the bending actuator. As observed in the beginning, increased measuring accuracy was needed for the exact determination of the MR-effect. Therefore, a computer-based analytical measuring system was developed to reach the required accuracy. The experiments during the characterization are conducted under controlled thermal conditions to facilitate the alignment of material data. During the fabrication of the actuators, improved methods are applied to increase the quality of this core component.

In addition to the double beam, the optical deflection system comprises a framework to align a permanent magnet with the actuator. During operation, switching between two states of the actuator and their according positions can be reached via electrical heating to induce the shape memory effect and the ferromagnetic-paramagnetic transition. For better assessment of sensor precision, the design of the framework aims at achieving comparable conditions by placing the permanent magnet below the actuator. In doing so, several sensor concepts can be placed on or close to the double beam during the experiment. The external sensors provide reference values for the evaluation of the intrinsic sensor effect.

During detailed analysis, a capacitive sensor concept uses the actuator as flexible electrode against a fixed one on the permanent magnet and evaluates the changes of the electrical capacity depending on the actuator position. Another approach is the application of a resistance strain gauge on the top side of the actuator. For both concepts, a corresponding mathematical model is compared to the experimental values obtained.

On the basis of these results, another experimental rig was designed with four degrees of freedom to facilitate the sensor implementation of the intrinsic magnetoresistance effect. Further experiments reveal the insufficient impact of a single permanent magnet's field on the alloy. Therefore, a new concept was developed on the basis of two permanent magnets evaluated in different configurations. The findings are confirmed by a simulation with the finite element model.

The results presented in this thesis facilitate the subsumption of the magnetoresistance effect of the ferromagnetic shape memory alloy Ni-Mn-Ga for position detection compared with other sensor concepts.

Inhalt

1 Einleitung

Die Mikrosystemtechnik beschreibt die Verknüpfung von mikrostrukturierten Bauteilen zu einem technischen System [Men97]. Die möglichen Komponenten umfassen dabei Aktoren und Sensoren sowie Signalverarbeitungs-, Verbindungs- und Strukturelemente. Der fortschreitende Austausch von konventionell gefertigten Maschinenbaugruppen durch Mikrosysteme beruht auf mehreren signifikanten Vorteilen [Lue05]:

- Kosteneinsparung: Die gleichzeitige Prozessierung einer großen Anzahl von Mikrosystemen je Fertigungsschritt sorgt für eine deutliche Reduktion der Kosten je Bauteil.
- Miniaturisierung: Die Reduktion der Baugröße im Vergleich mit konventionell gefertigten Baugruppen ermöglicht den Einsatz von etablierten Systemen in neuer Umgebung und erschließt so neue Märkte.
- Zuverlässigkeit: Die Reduktion der Anzahl von Verbindungselementen zwischen den einzelnen Bauteilen durch multifunktionale Verwendung des Grundsubstrates für aktive, sensorische und Verbindungsstrukturen sowie die Möglichkeit des parallelen Testens einer großen Anzahl von Systemen erhöht die Zuverlässigkeit im Einsatz.
- Gesteigerte Funktionalität: Auf der Basis von Siliziumtechnologie hergestellte Mikrosysteme erlauben die effiziente und kostengünstige Verbindung von mechanischen und elektronischen Komponenten.
- Systematischer Ansatz: Systeme mit eigener „Intelligenz“ in Form von Mikrocontrollern, die unmittelbar mit Aktoren und Sensoren verbunden sind, reduzieren die Komplexität, da sie einheitliche Schnittstellen zur Kommunikation mit übergeordneten Systemen bereitstellen und Informationen entsprechend aufbereiten. Diese Systeme weisen zusätzlich eine gesteigerte Autonomie auf, da sie entsprechend ihrer Programmierung auf Veränderungen reagieren können. Außerdem ermöglichen sie, auf Grund ihrer räumlichen Integration und geringen Trägheit, die beschleunigte Aufnahme und Auswertung von Informationen.

Auf Grund dieser Eigenschaften kommen Mikrosysteme vor allem wegen der Forderung nach steigender Funktionalität und Reduktion der Komplexität unter verschärften Wettbewerbsbedingungen in immer mehr Anwendungsbereichen zum Einsatz. Exemplarisch sind einige von ihnen in folgender Abbildung aufgelistet:

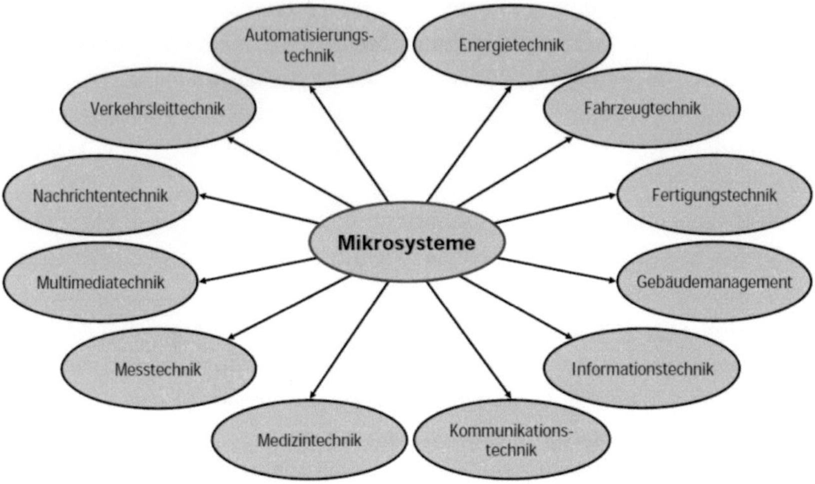

Abb. 1-1: Exemplarische Darstellung von Einsatzbereichen für Mikrosysteme [Lue05]

Die Einsatzbereiche sind dabei nicht strikt voneinander getrennt, vielmehr findet man gleichartige Typen von Mikrosystemen in den unterschiedlichsten Bereichen. Miniaturisierte optische Ablenksysteme sind hierfür ein gutes Beispiel. Typischerweise bestehen sie aus einem von einem Mikroaktor angetriebenen Mikrospiegel, der zwei oder mehr definierte Positionen einnehmen kann, um Licht gezielt abzulenken. In Verbindung mit Lichtwellenleitern ist dieses System für die Kommunikationstechnik als Schalter für optische Datenleitungen interessant [Her05]. In anderer Ausprägung finden miniaturisierte optische Ablenksysteme auch in der Multimediatechnik Verwendung. Hier sind die Mikrospiegelarrays von Texas Instruments ein gutes Beispiel für digitale Projektionstechnik [Hor02], wie sie in modernen Kinos zum Einsatz kommt. Die Automobil- und Automatisierungstechnik findet ebenfalls Interesse an Ablenksystemen, die in Verbindung mit Laufzeit-messungen von Licht die Objektdetektion ermöglichen [Bru06].

1.1 Mikrooptisches Ablenksystem auf der Basis der Legierung Ni-Mn-Ga

Das im Rahmen dieser Arbeit verwendete Ablenksystem basiert auf einem Ni-Mn-Ga-Dünnfilmaktor in Form eines Doppelbiegebalkens, der aktiv angesteuert zwischen zwei Zuständen oszilliert und dabei mit dem Verbindungssteg an der Aktorspitze einen Laserstrahl ablenkt [Bru06]. Die Enden des Aktors sind über Nickelstreifen elektrisch kontaktiert und an dieser Stelle auf ein Trägersubstrat aufgebracht. Außerdem weist das System einen Miniatur-Permanentmagneten auf, dessen Position relativ zur Aktorspitze so eingestellt werden kann, dass die Kante einer Polfläche die maximale Auslenkung des Aktors definiert. Diese Anordnung garantiert den optimalen Feldeinfluss und ist in der folgenden Abbildung 1-2 dargestellt:

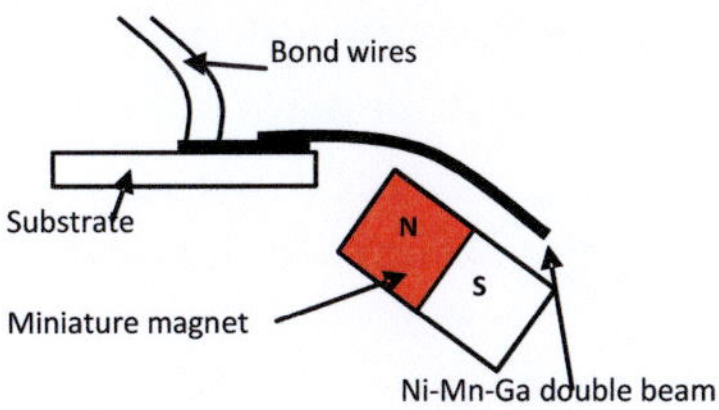

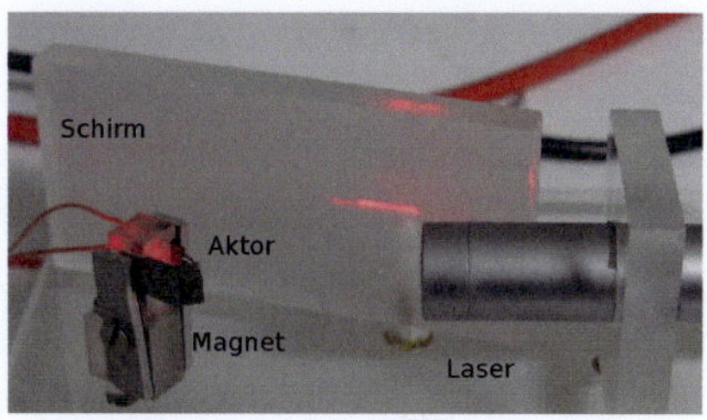

Abb. 1-2: Schematische Darstellung des Aktoraufbaus (links) und Abbildung eines Aktorsystems mit unmittelbar integriertem Projektionsschirm zu Demonstrationszwecken (rechts)

Die Systemelemente des Aktors samt Trägersubstrat sowie der Permanentmagnet werden über eine Polymerstruktur in der oben beschriebenen geneigten Ausrichtung fixiert. Die senkrechte Aufstellung dieser Einheit ermöglicht die horizontale Auslenkung eines Laserstrahls (siehe Abb. 1-2 rechts). Zur Verbesserung der optischen Ablenkung kann an der Spitze des Aktors ein Mikrospiegel angebracht werden. Für eine sichere Ablenkung des Laserstrahls in jeder

Aktorposition empfiehlt es sich, den Strahl in der Ebene des Spiegels auf die erwartete Aktorbewegung auszurichten.

Bei Raumtemperatur befindet sich der ferromagnetisch im Feld eines Permanentmagneten ausgelenkte Aktor in seinem passiven, martensitischen Grundzustand und nimmt dabei eine Extremposition ein (siehe Abb. 1-2 links). Durch Anlegen eines elektrischen Stroms erhitzt sich die Aktorlegierung als Reaktion auf den inneren elektrischen Widerstand, wodurch ab einer bestimmten werkstoffabhängigen Temperatur A_s die Phasenumwandlung von Martensit nach Austenit eingeleitet wird. In einem typischerweise schmalen Temperaturbereich sind beide Gefüge in unterschiedlichem Verhältnis im Material ausgebildet. Mit zunehmendem Austenit konkurriert die mit dieser Phase einhergehende Reduktion des elektrischen Widerstands mit dessen thermisch induzierter Zunahme. Die messtechnische Auswertung dieses Vorgangs ermöglicht Aussagen über den Materialzustand. Für eine Positionsermittlung reicht die Ermittlung des Widerstands auf Grund von hysteretischem thermo-elektrischem Materialverhalten der eingesetzten Formgedächtnislegierung (FGL) nicht aus. Die Auswahl einer Legierungsvariante mit der Curie-Temperatur T_C im Bereich der vollständigen Ausbildung des Austenits, bei der das Material die ferromagnetischen Eigenschaften verliert und paramagnetisch wird, ermöglicht ein effizienter Aktorbetrieb [Arr57]. Das Auftreten des Austenits kommt durch eine Gefügeumwandlung zustande. Die damit verbundene Formänderung wird als Formgedächtniseffekt (FGE) bezeichnet. Der Dünnfilm versucht dabei, die ursprüngliche, bei der Herstellung eingeprägte Ausrichtung einzunehmen. Das Resultat ist eine zurückstellende Kraft, die bei dem vorgestellten Aktordesign antagonistisch zur vorauslenkenden Magnetkraft wirkt. Mit Erreichen der Curie-Temperatur reduziert sich die Magnetkraft auf Null. Auf diese Weise wird die zweite Extremposition mit ebener Dünnfilm-Ausrichtung erreicht, die so lange gehalten wird, bis mit abnehmendem Strom die Materialtemperatur unter die Curie-Temperatur sinkt und der Werkstoff wieder ferromagnetisch wird. Auf Grund der für das Material typischen Hysterese sind die Temperaturpunkte, bei denen während des Aufheiz- und Abkühlvorgangs die Gefügeumwandlung beginnt und endet, nicht deckungsgleich. Im Gradienten des Magnetfeldes bildet sich daraufhin wieder eine Kraft aus, die den Aktor zum Magneten hin auslenkt. Auf diese Weise kann das System kontinuierlich und gepulst betrieben werden. In letzterem Fall ermöglicht die verstärkte Kühlung durch Zwangskonvektion die für Formgedächtnisaktoren ungewöhnlich hohe Arbeitsfrequenz von bis zu 200 Hz. Da es sich um ein optisches Ablenksystem für Laserstrahlen handelt, liegt die Verwendung von optischen Sensoren zur Positionsermittlung nahe. In der ursprünglichen Version des Aktorsystems wird ein Teil des Strahls nach der Auslenkung ausgekoppelt und auf ein zusätzliches Modul mit einem positionsempfindlichen Photodetektor (PSD) geleitet. Abhängig von der Position des Strahlschwerpunktes kann dann die Auslenkung des Aktors bestimmt werden [Bru06].

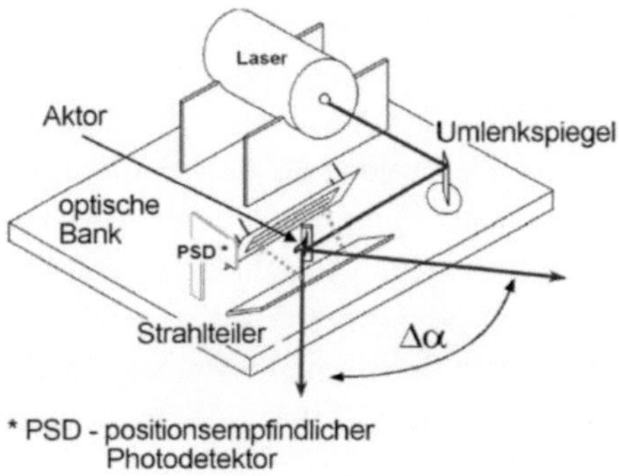

Abb. 1-3: Positionsbestimmung des Aktors durch Aufteilung des Laserstrahls und Auswertung über einen positionsempfindlichen Photodetektor

1.2 Zielsetzung dieser Arbeit

Eine ferromagnetische Formgedächtnislegierung (FFGL) wie Ni-Mn-Ga stellt in Form von Dünnfilmen ein neuartiges Aktormaterial für die Mikrosystemtechnik dar. Das Materialsystem verfügt über zwei attraktive intrinsische Wandlerprinzipien, deren Besonderheit in einem möglichen gekoppelten Einsatz des thermisch induzierten Formgedächtniseffektes und der ebenfalls thermisch beeinflussten ferromagnetischen Eigenschaften liegt. Das im vorigen Kapitel vorgestellte Mikroscannersystem stellt eine erste Anwendung dar [Bru06]. Neben den dabei implementierten aktorischen Eigenschaften kann das Material auch sensorisch verwendet werden und berücksichtigt dabei die Parameter Temperatur und Flussdichte eines magnetischen Feldes [Lun02]. Diese Kombination stellt einen aussichtsreichen Ausgangspunkt für die Entwicklung von integrierten, hochkompakten Mikrosystemen mit erweiterter Funktionalität dar. So können für den vorgestellten Mikroscanner sichere Aussagen nur über das Erreichen der Anfangs- und Endposition getroffen werden. Für die Ermittlung der aktuellen Aktorposition ist ein zusätzlicher Lagesensor nötig. Gerade an dieser Stelle drängt sich eine multifunktionale Verwendung der Legierung Ni-Mn-Ga auf. Ein adaptives optisches Ablenksystem auf deren Basis vereinigt die Vorteile von großen Ablenkwinkeln, Robustheit, kompakten Abmessungen und integrierten Funktionen in sich.

Bekannt ist die Verwendung der sensorischen Eigenschaften einer Formgedächtnis-legierung in Form einer Widerstandsänderung ΔR als Reaktion auf eine Materialdehnung Δs zur Evaluierung der Aktorposition [Vid08]. Limitierend ist dabei das nichtlineare und hysteretische Materialverhalten. Weitere Möglichkeiten bestehen in der unmittelbaren Integration von externen Sensoren zur Ermittlung von Formänderungen am Aktor. Zu Erwähnen sind an dieser Stelle resistive Verfahren wie Dehnmessstreifen, kapazitive Elemente oder Piezosensoren. Sie stellen zusätzliche Elemente in einem System dar und können den Aktor bei der Überwachung einschränken.

Ausgewählte Methoden der externen Positionsermittlung sollen der Auswertung von sensorischen Materialeigenschaften der Legierung Ni-Mn-Ga gegenübergestellt werden. Dabei handelt es sich um eine Änderung des elektrischen Widerstands in Abhängigkeit von der magnetischen Flussdichte. Dieser Effekt tritt auf, wenn sich der Aktor zur Positionierung im Feld der vorauslenkenden Permanentmagneten bewegt. Die magnetische Widerstandsänderung konkurriert dabei mit thermischen Effekten. Die Untersuchung der Zusammenhänge soll die Grundlage für eine robuste Positionsbestimmung bilden.

Die Ergebnisse führen zu neuen Möglichkeiten bei der Gestaltung eines hochintegrierten mikrooptischen Ablenksystems auf der Basis der Formgedächtnis-legierung Ni-Mn-Ga. Zur Gestaltung eines solchen Systems sind folgende Schritte notwendig und stellen dabei die Zielsetzung dieser Arbeit dar:

1. Zusammenfassende Darstellung von miniaturisierbaren Sensorprinzipien zur Positionsermittlung unter Berücksichtigung der speziellen Anforderung eines metallischen Dünnfilmaktors mit großer Auslenkung.

2. Untersuchung der Materialeigenschaften von Ni-Mn-Ga hinsichtlich der Ausprägung und der Eignung des magnetoresistiven Effektes für einen möglichen Sensoreinsatz. Dies beinhaltet die Bestimmung von relevanten Materialdaten zur Erweiterung eines Finite-Elemente-Simulationsmodells für Formgedächtnislegierungen um eine Ni-Mn-Ga-spezifische magnetoresistive Komponente.
3. Bestimmung der Randbedingungen für den Einsatz als Sensor wie Verteilung der magnetischen Flussdichte im Raum, den Einfluss der Materialtemperatur und der Aktorstruktur.
4. Formulierung von Anforderungen an das Design und Layout eines miniaturisierten Ablenksystems mit sensorischen Eigenschaften.
5. Bereitstellung von adäquaten Fertigungsprozessen für Ni-Mn-Ga Dünnfilmaktoren zur Verwendung in einem miniaturisierten, multifunktionalen Ablenksystem und eventuell vorhandener externer Sensoren.
6. Evaluierung der hergestellten Aktor-Sensor-Systeme hinsichtlich der Leistungsfähigkeit im Vergleich von externen Sensoren und intrinsischem Sensoreffekt.

2 Grundlagen

2.1 Konventionelle Formgedächtnislegierungen

Der Formgedächtniseffekt (FGE) bezeichnet die Eigenschaft bestimmter kristalliner Werkstoffe, nach mechanischer Verformung in der Größenordnung von mehreren Prozent, wieder die ursprünglich eingeprägte Gestalt annehmen zu können. Bei Metallen geschieht das über diffusionslose Phasenumwandlung eines verformten Körpers [Ots98]. Die Ausgangsphase ist dabei der Austenit mit einer energetisch günstigen kubischen Gitteranordnung, in der dem Körper durch thermo-mechanische Behandlung die gewünschte Form eingeprägt wird. Beim Abkühlen in den Martensit nimmt das Kristallgitter eine Struktur mit geringerer Symmetrie an, dabei kommt es zur Ausbildung von Varianten mit unterschiedlicher Orientierung. Deren Stabilität ist stark temperaturabhängig. Die Beseitigung einer hauptsächlich durch Scherung erzielten Verformung erfolgt dabei durch eine Gefügeumwandlung von der Tieftemperaturphase in das ausgerichtete Kristallgitter der Hochtemperaturphase. Bei der anschließenden Abkühlung erfolgt keine weitere Verformung. Dieser Prozess ist in Abbildung 2-1 dargestellt [Men97].

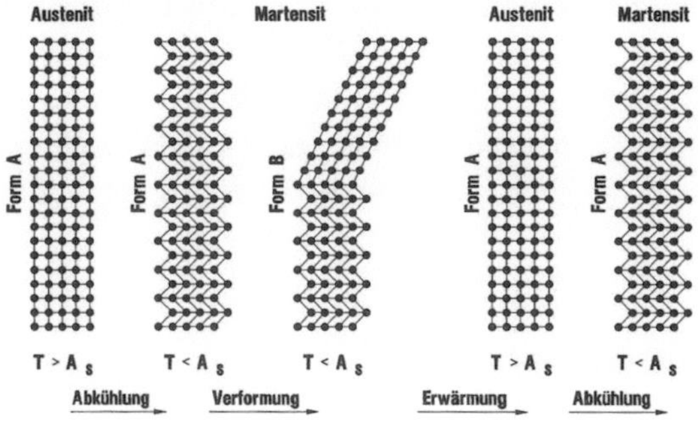

Abb. 2-1: Formgedächtniseffekt bei metallischen Werkstoffen [Men97]

Bei diesem Vorgang scheint sich das Material für den Betrachter an die ursprüngliche Ausprägung zu „erinnern“. Die Beschreibung des Effektes beruht auf thermodynamischen Größen wie Kraft und Temperatur sowie der Mikrostruktur des Materials. Er kann bei verschiedenen Materialien und Umgebungsbedingungen auftreten und wurde zuerst bei den metallischen Formgedächtnislegierungen (FGL) Au-Cd [Cha51] und Ti-Ni [Bue63] ausführlich untersucht. Materialtypische Temperaturen kennzeichnen den Anfang und Abschluss der Gefügeumwandlung beim Aufheizen und Abkühlen. Für die Aufheizphase bezeichnet A_s den Beginn und A_f das Ende der martensitisch-austenitischen Umwandlung [Koh04]. In der entgegen-gesetzten Richtung bei der Abkühlung bezeichnen die Temperaturen M_s das Einsetzen und M_f das Ende der austenitisch-martensitischen Transformation. Der Formgedächtniseffekt unterliegt einer Hysterese, weshalb diese vier Temperatur-parameter nicht deckungsgleich sind. Dieses Merkmal ist typisch für das Material und beschreibt verschiedene physikalische Zusammenhänge der Temperatur, des elektrischen Widerstands oder der mechanischen Verformung.

Bei metallischen Legierungen wie Ni-Ti („Nitinol“: Nickel Titan Naval Ordnance Laboratory [Bue63]) oder Ni-Mn-Ga sind Kraft und Temperatur auch gleichberechtigte Faktoren, die die Gefügeumwandlung im Material auslösen [Koh04]. Die Verformung in der martensitischen Phase erfolgt jenseits des elastischen Bereichs durch Umklappen der Domänen gleicher Orientierung, die dabei jedoch an ihrer ursprünglichen Position verbleiben und nur ihre Ausrichtung ändern. Irreversible Prozesse wie Diffusion, Versetzungsbildung oder Gleiten von Gitterebenen treten im Fall der idealen Thermoelastizität nicht auf. Die Darstellung des Formgedächtnis-effektes erfolgt normalerweise in Spannungs-Dehnungs-Temperatur-Diagrammen (σ–ε–T), an Hand derer im Folgenden unterschiedliche Varianten des Formgedächtniseffektes besprochen werden sollen.

2.1.1 Einweg-Effekt

Typisch für den martensitischen Zustand ist eine niedrige Elastizitätsgrenze, nach deren Überschreiten unter Belastung eine pseudoplastische Verformung eintritt. Dieser Bereich ist im Spannungs-Dehnungs-Diagramm durch einen nahezu ebenen Verlauf gekennzeichnet und entspricht je nach Material einer Dehnung von mehreren Prozent [Koh04]. Bei einer Entlastung an diesem Punkt bleibt eine scheinbare Verformung ε_{1W} zurück (siehe Abb. 2-2). Am Ende des Plateaus beginnt die plastische Verformung. Nach der scheinbaren Verformung kann das Aktormaterial durch Erwärmen und den dabei initiierten Übergang von Martensit nach Austenit ($T>A_f$) in die Ausgangsposition zurückkehren und bei behinderter Rückumwandlung Arbeit leisten ($A_f>T>A_s$). Kennzeichnend ist dabei die hohe Energiedichte und der enge Bereich zum Einleiten der Umwandlung.

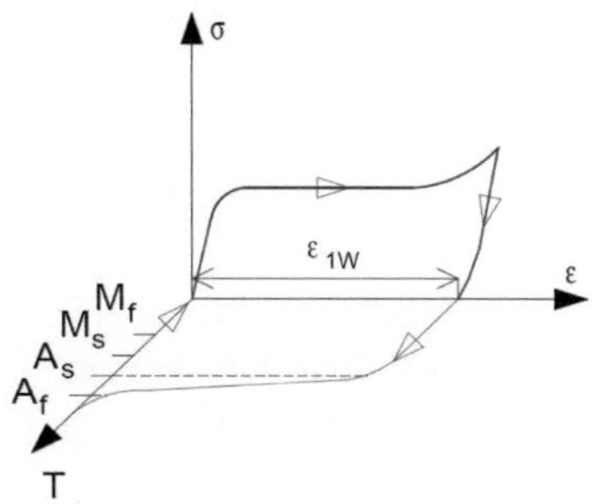

Abb. 2-2: Charakteristischer Spannungs-Dehnungs-Temperaturverlauf einer metallischen Formgedächtnislegierung beim Einweg-Effekt [Koh04]

2.1.2 Extrinsischer Zweiweg-Effekt

In der zuvor beschriebenen Form leistet der Einwegeffekt während einem einzelnen thermischen Zyklus Arbeit. Für den kontinuierlichen Betrieb muss zusätzlich ein rückstellendes Element vorhanden sein, da die erneute Arbeitswirkung erst nach vorheriger Verformung eintritt [Koh04]. Dieser Fall beschreibt den extrinsischen (äußeren) Zweiweg-Effekt. Gleichzeitig reduziert dieses Bauteil die vom Aktor abzugebende Arbeit.

2.1.3 Intrinsischer Zweiweg-Effekt

Beim intrinsischen Zweiweg-Effekt nimmt der Aktor in Abhängigkeit von der Materialtemperatur und der damit verbundenen Gefügeausprägung zwei unterschiedliche Positionen ein. Die Wiederholung dieses Vorgangs erfordert keine externe Last, wie im Fall des extrinsischen Zweiweg-Effektes. Die Beschreibung des Effektes erfolgt ausschließlich in der Ebene des Temperatur-Dehnungs-Diagramms ([Koh04], siehe Abb. 2-3). Das Materialverhalten wird durch eine kombinierte thermo-mechanische Konditionierung erzielt. Dabei entstehen neben den reversiblen auch irreversible plastische Verformungen im Material, die eine intrinsische Versetzungsstruktur ausbilden. Diese begünstigt durch die Ausbildung von Spannungsfeldern bevorzugte Varianten bei der Martensitbildung. Beim Abkühlen aus dem Austenit orientiert sich der Aktor dann an dieser bevorzugten Ausrichtung, sofern keine äußeren Kräfte anliegen. Verglichen mit der hohen Arbeitsleistung bei der Phasenumwandlung von Martensit nach Austenit heben sich die durch Training eingeführten martensitischen Vorzugsvarianten nicht stark genug ab, um äußere Widerstände überwinden zu können. Diese einflusslose Rückstellung muss in der Auslegungsphase des Formgedächtnis-Aktors berücksichtigt werden.

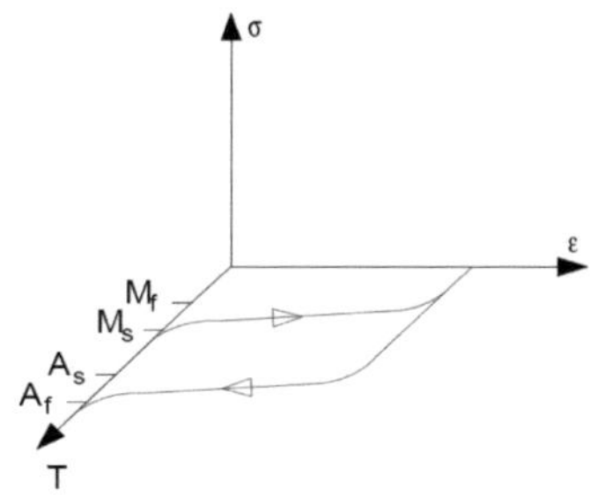

Abb. 2-3: Charakteristischer Spannungs-Dehnungs-Temperaturverlauf beim intrinsischen Zweiweg-Effekt [Koh04]

2.1.4 Pseudoelastischer Effekt

Bei Formgedächtnislegierungen lässt sich bei Belastung und einer Materialtemperatur im Bereich zwischen der oberen kritischen Temperatur M_d und A_f ein reversibles Verformungsverhalten beobachten, das bis zu einer Größenordnung über der durch den Elastizitätsmodul beschriebenen elastischen Dehnung liegt [Koh04]. Während dieses Verhaltens kommt es in der Legierung zu einer durch die äußere Kraft induzierten Phasenumwandlung von Austenit nach Martensit, die eine reversible Materialverformung durch Änderung des Kristallgitters ermöglicht. Ohne die anliegende äußere Kraft kehrt das Material unverzüglich in seinen ursprünglichen Zustand zurück, da das unbelastete martensitische Gefüge für diese Temperaturen energetisch ungünstiger ist. Während der Belastung entstehen Martensit-Zwillinge im Material, deren unmittelbar anschließender Abbau die Spannungen beseitigt. Das ausgeprägte Plateau des Spannungs-Dehnungs-Diagramms ist typisch für diesen Effekt.

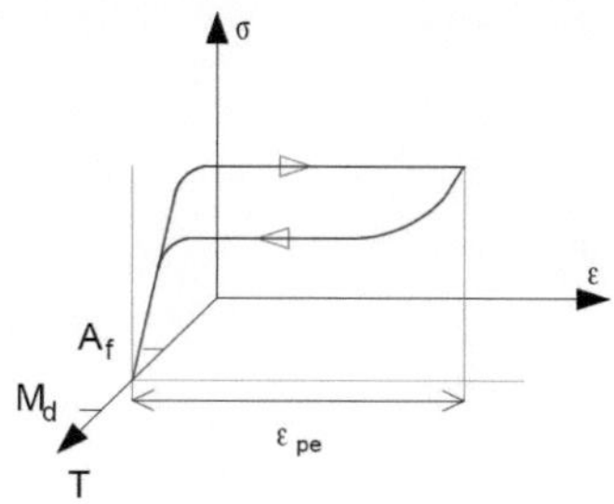

Abb. 2-4: Charakteristischer Spannungs-Dehnungs-Temperaturverlauf beim pseudoelastischen Effekt [Koh04]

2.2 Ferromagnetismus

Ein ungepaartes Elektron eines Atoms weist einen gerichteten Spin auf, der auch die Quelle seines magnetischen Moments ist. Gemäß den Maxwellschen Gleichungen wird dieses Moment zusätzlich durch die Bewegung im Orbital verändert [Lan00]. In Festkörpern ist die freie Bewegung der Elektronen eingeschränkt. Zudem heben sich die Momente in einem mit zwei Elektronen besetzten Orbital auf. Ungepaarte Elektronen in den Valenzorbitalen von Übergangsmetallen wie Cr, Mn, Fe, Co und Ni ermöglichen ein von Null abweichendes Gesamtmoment, wobei sich die Ausrichtung des Spins über den Kristall oder die Verbindung bei paramagnetischen Materialien statistisch orientiert. Tritt eine kooperative Wechselwirkung bei ungepaarten Elektronen benachbarter Atome auf und richten sich die Spins der Elektronen parallel aus, wird von Ferromagnetismus gesprochen. Die treibende Kraft hinter einer solchen Anordnung ist ein mit Austauschwechselwirkungen verbundener Energiegewinn. Dieses Verhalten ist temperaturabhängig und tritt nur unterhalb einer material-spezifischen Temperaturschwelle, der sogenannten Curie-Temperatur T_C , auf. Als Auswirkung dieser Eigenschaft sind ferromagnetische Materialien in der Lage, auf Körper dieser Gruppe innerhalb eines geringen Abstandes eine Kraft auszuüben. Die Bereiche des Kristallgitters, die auf diese Weise gleichartig ausgerichtet sind, werden auch Domänen oder Weißschen Bezirke genannt. Deren Abmessung liegt im Bereich zwischen 0,01 und 1 µm.

In Abhängigkeit von der an der Probe anliegenden Feldstärke (Einheit A/m) erreicht die Magnetisierung im Material einen Grenzwert, der nicht überschritten wird. Dieser Sättigungswert ist ein weiterer wichtiger Materialparameter. So wurden die Magnetisierungseigenschaften in Abhängigkeit von einem äußeren Magnetfeld anhand von 5 µm dicken Ni-Mn-Ga-Dünnfilmen in einem SQUID-Magnetometer untersucht [Bru06].

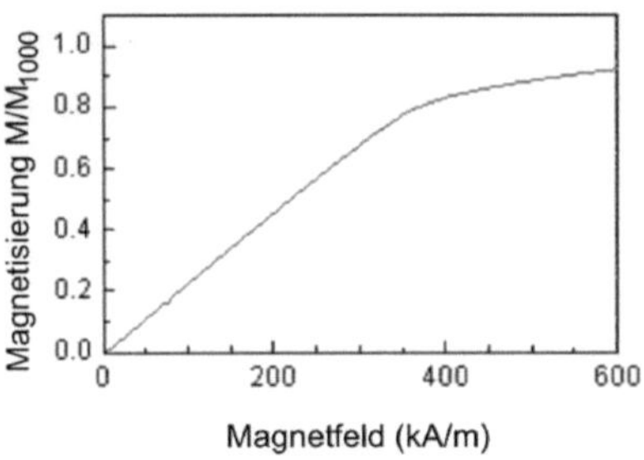

Abb. 2-5: Auf 100 kA/m normierte Sättigungsmagnetisierung eines Ni-Mn-Ga-Dünnfilms

Kennzeichnend ist ein Abknicken des linearen Sättigungsverlaufs oberhalb eines Magnetfeldes von 350 kA/m. Die Darstellung in Abbildung 2-5 erfolgt normiert auf einer Basis von 100 kA/m. Im Bereich des Sättigungswertes ab ca. 350 kA/m nimmt die magnetische Suszeptibilität stark ab. Bei ferromagnetischen Werkstoffen ist diese Eigenschaft die Grundlage der Bauteildimensionierung zur Führung des magnetischen Flusses, da es in der Nähe des Sättigungswertes zu einem Abfall der Leitfähigkeit kommt. Zur Beschreibung der Flussdichte dient die Einheit Tesla. Das Produkt aus Flussdichte und Feldstärke ergibt die maximal gespeicherte Energie, die auch als maximales Energieprodukt bezeichnet wird.

Ferromagnetische Werkstoffe weisen eine Hysterese im Magnetisierungsverhalten auf [Hei01]. Allgemein formuliert ist dann die Ausgangsgröße eines Systems nicht nur vom Absolutwert der Eingangsgröße, sondern auch von dem Verlauf des Übergangs beider Größen abhängig. Konkret sorgt ein Anstieg des äußeren Feldes für eine Erhöhung der Magnetisierung im Material, bis der Sättigungswert erreicht ist. Wird anschließend das äußere Feld wieder verringert, schwächt sich auch die Magnetisierung ab, allerdings nur bis auf den Wert der materialabhängigen Remanenz. Sollen die magnetischen Momente im Material umorientiert werden, muss ein umgepoltes Feld in Höhe der Koerzitivfeldstärke angelegt werden. Durch eine anschließende Reduktion des äußeren Feldes auf Null entsteht die für ferromagnetische Werkstoffe typische Hystereseschleife. Das Integral über ihre Fläche entspricht der Energie, die zur Ummagnetisierung benötigt wird.

Beim Aufbau eines kompakten optischen Ablenksystems kommen Permanentmagnete auf der Basis einer Verbindung mit seltenen Erden zum Einsatz, die im Verhältnis zum Volumen eine hohe Energiedichte aufweisen und somit die angestrebte Miniaturisierung des Systems unterstützen [Bru04]. Dabei handelt es sich um das Sintermaterial Eisen-Neodym-Bor (Fe-Nd-B), das sich auch durch eine hohe Koerzitivfeldstärke auszeichnet. Bedingt durch die Herstellung mittels Sintern der pulverförmigen Legierungsmaterialien unter Magnetfeldeinfluss sind die Permanentmagnete sehr hart und spröde. Um eine eventuelle Nachbearbeitung zu vermeiden werden sie in der zur Integration ins System geeigneten Größe geordert. Zwei Geometrien wurden dafür ausgewählt. Die gleichseitigen Würfel weisen eine Kantenlänge von 5 mm auf. Die kleineren

Quader haben die Abmessungen von 5 mm x 2,5 mm x 1,5 mm. Die Tabelle 2-1 fasst deren Materialparameter zusammen.

Tabelle 2-1: Materialparameter der verwendeten Permanentmagnete

Abmessungen: 5 mm x 5 mm x 5 mm		
Remanenz	[T]	1,40-1,46
Koerzitivfeldstärke	[kA/m]	>955
Maximales Energieprodukt	[kJ/m³]	374-406
Curie-Temperatur T_C	[° C]	80

Abmessungen: 5 mm x 2,5 mm 1,5 mm		
Remanenz	[T]	1,32-1,36
Koerzitivfeldstärke	[kA/m]	>1353
Maximales Energieprodukt	[kJ/m³]	334-350
Curie-Temperatur T_C	[° C]	120

2.3 Die Formgedächtnislegierung Ni-Mn-Ga

Ferromagnetische Formgedächtnislegierungen (FFGL oder MFGL) kombinieren ferromagnetische Eigenschaften und den Formgedächtniseffekt in einem multifunktionalen Aktormaterial, das auch als „Smart material" bezeichnet wird [Suz99]. Diese Materialien bilden einen vielversprechenden Ausgangspunkt für die Herstellung von neuartigen Aktoren, deren Ausprägung sich durch Temperaturänderung, mechanische Spannung oder äußere Magnetfelder beeinflussen lässt. Die letztgenannte Variante implementiert den ferromagnetischen Formgedächtniseffekt (FFGE), bei dem die Formänderung durch Anlegen eines Magnetfeldes und der daraus resultierenden Umorientierung von Zwillingsvarianten erfolgt. Für die Heusler-Legierung Ni-Mn-Ga konnte 1984 beim strukturellen Phasenübergang aus der kubischen Hochtemperaturphase Austenit in die tetragonale Tieftemperaturphase Martensit das Auftreten ferromagnetischer Material-eigenschaften erstmals nachgewiesen werden [Web84]. Dabei kontrahiert sich die kubische Zelle entlang der [100]-Achse um ca. 6%, während eine

Ausdehnung um ca. 2% entlang der übrigen Achsen zu beachten ist [Che06]. Ausgehend von der kubischen Symmetrie der Hochtemperaturphase ergeben sich beim Abkühlen in Abhängigkeit von der Kontraktionsachse drei mögliche Orientierungen der Tieftemperaturphase, die Varianten genannt werden. Sie unterscheiden sich in der orthogonalen Ausrichtung der kurzen Gitterachse. In einem schmalen Übergangs-bereich kommt es dabei zu einer Phasen-Koexistenz mit elastischen Dehnungen im Bereich der martensitischen Keimbildung im Austenit. Zum ersten Mal konnte 1996 der ferromagnetische Formgedächtniseffekt an einer Probe aus einkristallinem Ni-Mn-Ga mit einer Ausprägung von 0,19% nachgewiesen werden [Ull96].

2.3.1 Magnetische Formgedächtniseffekte

Einkristalline Legierungen mit einer stöchiometrischen Zusammensetzung vom Typ Ni_2MnGa können je nach Elementarzelltyp und Modulationsperiode im Martensit magnetfeld-induzierte Dehnungen (magnetic field induced strain, MFIS) in einer Größenordnung von bis zu 10% aufweisen [Soz02]. Die Gestaltänderung kann auf eine magnetfeld-induzierte Reorientierung von martensitischen Varianten zurückgeführt werden. Das Material befindet sich dabei in martensitischem, ferromagnetischem Zustand und weist nach dem Abkühlen aus der Hochtemperaturphase Austenit unterschiedlich orientierte Zwillingsvarianten auf. Das magnetische Moment ist je nach Legierungsvariante und Gitterausprägung an eine dafür typische leichte Achse (easy axis) gebunden (siehe Abb. 2-6, roter Pfeil). Die Dehnungen sind das Resultat einer durch ein äußeres Magnetfeld bewirkten Umorientierung von Zwillingsvarianten und einer sich daraus ergebenden Zwillingsgrenzenverschiebung (magnetic-induced reorientation MIR) bei äußerer Belastung mit dem Ergebnis einer charakteristischen Kontraktion und Verlängerung der Materialabmessungen entlang der entsprechenden Hauptachsen [Str03].

Voraussetzung für diesen Effekt ist ein Material mit hoher magnetokristalliner Anisotropie-Energie und geringer intrinsischer Widerstandskraft gegen die Verschiebung von Zwillingsgrenzen [Kar06]. Limitierender Faktor bei der Verwendung als Aktorprinzip ist die Anisotropie-Energie und die Reaktion des

Materials auf ein externes Feld unter Last. Die sich daraus entwickelnde Druckkraft des Aktors ist so auf wenige MPa begrenzt [Mur00].

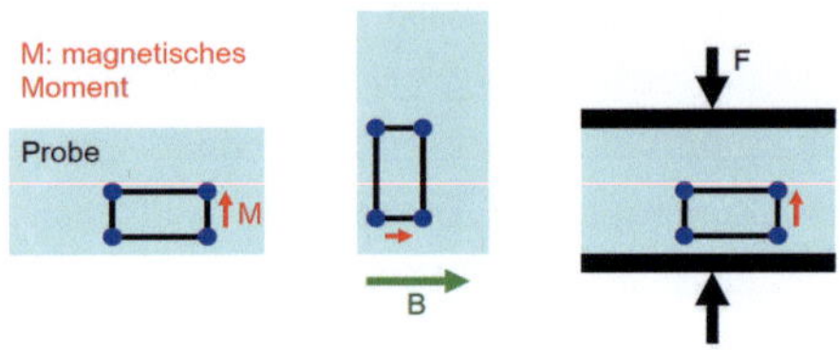

Abb. 2-6: Darstellung der magnetfeld-induzierten Reorientierung der martensitischen Elementarzelle von Ni-Mn-Ga vom Typ 10M und einer Zurücksetzung unter externem Krafteinfluss

Größere Kräfte können durch die magnetfeld-induzierte Phasentransformation (magnetic field induced martensite, MIM) erzielt werden [Kai06, Kar06]. Die Einleitung eines diskontinuierlichen Phasenübergangs durch ein anliegendes Magnetfeld kann in Abhängigkeit von der Materialtemperatur mittels der Gleichung nach Clausius-Clapeyron beschrieben werden:

$$\frac{dB}{dT}=\frac{\Delta S}{\Delta M} \qquad \text{ergibt} \qquad \Delta T \approx \left(\frac{\Delta M}{\Delta S}\right)\Delta B \qquad (2\text{-}1)$$

Entsprechend umgeformt kann die Temperaturänderung ΔT in Abhängigkeit von der Feldstärkenänderung ΔB ermittelt werden. Die Anwendung einer Phasentransformation mittels magnetfeld-induziertem Martensit setzt eine Materialtemperatur knapp oberhalb der Umwandlungstemperatur und eine Kombination aus großem Magnetisierungsunterschied ΔM und geringem Entropieunterschied ΔS im Material voraus. Die letzten beiden Parameter sind für eine gegebene Legierung beim Phasenübergang zwischen Austenit und Martensit konstant. Normalerweise ist dieser Effekt in Ni-Mn-Ga zu klein. Eine Modifikation der Legierungszusammensetzung mit teilweiser Substitution des Nickel-Anteils durch Mangan erhöht die martensitisch-austenitische Phasenübergangstemperatur und senkt gleichzeitig die Curie-Temperatur [Che01]. Das Ziel ist dabei die Angleichung der beiden Temperaturbereiche. Das Feld beeinflusst die Umwandlungstemperatur in Form einer Anhebung von M_S in der Größenordnung von 1 K je 10 kOe [Dik00]. Auf dieser Grundlage lassen sich unter Einhaltung der spezifischen Materialtemperatur magnetfeld-kontrollierte Aktoren herstellen.

2.3.2 Ausprägung des Kristallgitters

Die energetisch günstigste Ausprägung der Legierung vom Typ Ni-Mn-Ga im Austenit stellt das kubische Kristallgitter dar. Dabei besitzen die drei Gitterkonstanten in orthogonaler Ausrichtung dieselbe Abmessung. Beim Abkühlen in den Martensit treten unterschiedliche Kontraktionsachsen auf. Die sich dabei ergebende Gittergeometrie erfordert eine unabhängige Beschreibung in Form der Gitterkonstanten a, b und c, die den Hauptachsen zugeordnet sind. Die Vorzugsrichtung der magnetischen Domänen entspricht bei tetragonaler Gitter-Ausprägung in der martensitischen Phase von $Ni_{52}Mn_{24}Ga_{24}$ der Ausrichtung der im Verhältnis kürzeren c-Achse (easy axis). Die Anpassung des einkristallinen Gitters an eine eingebrachte Belastung ist durch die Umorientierung von Zwillingsvarianten entsprechend der Belastungsrichtung möglich. Die gegenüberliegenden und sich durch diese Ausrichtung bewegenden Grenzen des Bereichs werden Zwillingsgrenzen genannt. Auf diese Weise können große Dehnungen im Material auftreten, für Ni_2MnGa im tetragonalen Martensit sind 5% bei 77 K und einer Belastung von 2 Mpa dokumentiert [Web84].

Die auf der Basis der legierungsabhängigen Einheitszelle entstehenden Superstrukturen werden in der Tieftemperatur-Phase nach der kleinsten Modulationsperiode der Lagen 10M (tetragonal-flächenzentrierte Einheitszelle, „modulated 5-layered martensite"), 14M (monoklin-raumzentrierte Einheitszelle, „modulated 7-layered martensite") sowie 8M oder 12M (Mischstrukturen) genannt [Bus06, Soe05]. Außerdem ist die Ausprägung „non-modulated" (NM) möglich. Bei tetragonal-raumzentrierter Gitterstruktur ohne Modulationsperiode besitzt die NM-Variante eine uniaxiale magnetische Anisotropie mit hartmagnetischer Orientierung entlang der langen kristallographischen Achse [Str03]. In dieser Phase wird kein magnetischer Formgedächtniseffekt beobachtet [Lan04], jedoch können reversible Verformungen im Bereich bis zu 22% bei einer Belastung von 20 MPa auftreten [Soe04].

Die Ausrichtung der martensitischen Legierung kann durch ein angelegtes äußeres Magnetfeld mit einer Flussdichte von 0,3 T (10M, [Soe05]) gesteuert werden, wobei Frequenzen bis in den kHz-Bereich möglich sind [Hen02]. Die auf diese Weise maximal erzielbare prozentuale Längenänderung durch Reorientierung ergibt sich aus dem Verhältnis a/c, wobei sich die c-Achse im rechten Winkel zur ursprünglichen Ausrichtung anordnet. Mit den Gitterparametern für 10M (a=b=0,5920 nm; c=0,5566 nm [Ull96]) entspricht das einer Dehnung $\Delta\varepsilon$ von ca. 6%. In der austenitischen Hochtemperaturphase stellt eine kubisch-flächenzentrierte Einheitszelle den energetisch günstigsten Zustand dar. Auf Grund dieser Ausprägung erfolgt die Klassifizierung als Legierung vom Typ $L2_1$ nach Friedrich Heusler, der als erster intermetallische Phasen an Hand der manganhaltigen Legierung Cu_2MnAl beschrieben hat [Heu03]. Diese Legierungen sind ferromagnetisch und zeichnen sich durch eine besondere Gefügestruktur aus [Heu04]. Im Fall von Ni-Mn-Ga handelt es sich dabei in der austenitischen Ausgangsphase um eine kubische Anordnung von Nickel-Atomen, in deren Umgebung sich die zusätzlichen Legierungsatome Mn und Ga anordnen und eine weitere kubische Superstruktur bilden [Ayu99]. Deren Ausrichtung im Austenit und einer Variante im Martensit ist in Abbildung 2-7 dargestellt.

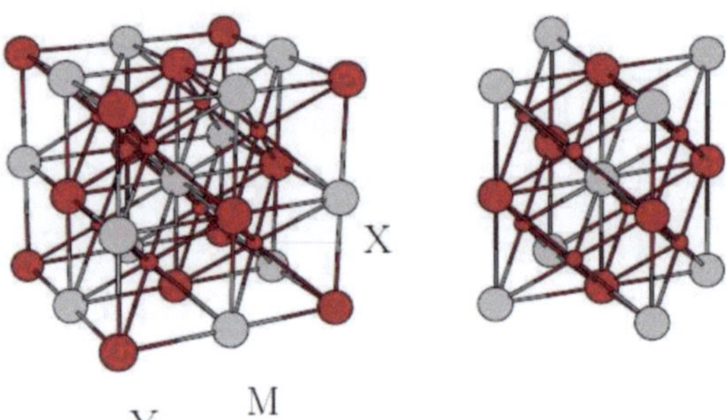

Abb. 2-7: Einheitszelle der Heusler-Legierung Ni-Mn-Ga im Austenit (links) und im Martensit (rechts); X entspricht Nickel, Y Mangan und M Gallium [Ayu99]

Untersuchungen haben ergeben, dass die Mn-Mn Interaktionen ferromagnetisches Verhalten begünstigen, wenn die Nickel-Substruktur diese Eigenschaft vermittelt [Kue83]. Die quantitative Ausprägung des Effektes richtet sich dabei nach dem Verhältnis der Legierungselemente, wie in folgendem Diagramm 2-8 für Ni-Mn-Ga bei Raumtemperatur dargestellt ist [Tak03]. Der Bereich der Heusler-Konfiguration für Ni_2MnGa ist darin durch einen Kreis gekennzeichnet.

Neben Blockmaterial lassen sich auch metallische Dünnfilme mit einheitlicher Ordnung herstellen [Men97]. Dabei kommt der Herstellungsprozess des hetero-epitaktischen Schichtaufbaus auf einem einkristallinen Substrat wie MgO(001) zum Einsatz [Tho08]. Dieses Substrat ist so temperiert, dass das abgeschiedene Material das austenitische Gefüge der Hochtemperaturphase ausbildet. Die Ausrichtung des Gitters erfolgt dabei in Abhängigkeit vom Grundsubstrat. Für MgO(001) und Ni-Mn-Ga bedeutet das eine Versetzung um 45°. Nach Abkühlung des Films in den martensitischen Zustand zeigt sich ebenfalls eine bevorzugte Variantenbildung in Abhängigkeit vom Grundsubstrat. Damit geht ein einheitliches magnetisches Moment einher, das sich durch MIR nachweisen lässt.

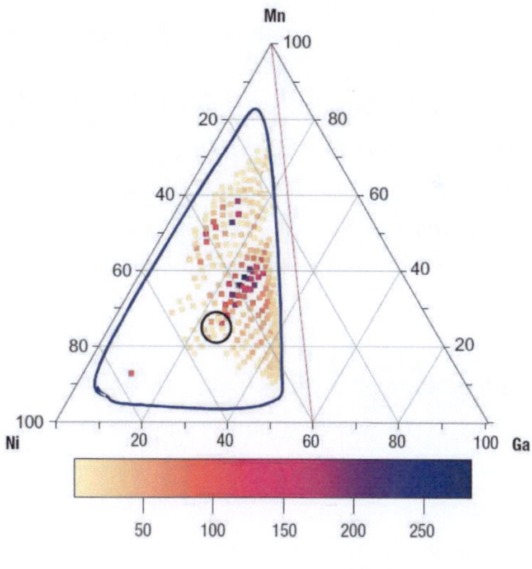

Abb. 2-8: Magnetisierungsstärke (in e.m.u cm^{-3}) bei Raumtemperatur in Abhängigkeit von den Legierungselementen in gesputterten Ni-Mn-Ga-Schichten [Tak03]

Neben der einkristallinen Ausprägung der Legierung Ni-Mn-Ga, bei der eine einheitliche strukturelle Ausrichtung im gesamten Körper besteht, gibt es eine polykristalline Materialvariante. Dabei beschränkt sich die einheitliche kristallographische Orientierung auf Einzelkristalle, die auch Körner genannt werden. Diese Ausprägung findet sich bedingt durch den Herstellungsprozess häufig bei mittels Sputtern hergestellten Dünnfilmen [Suz99]. Ob sich diese Schichten für eine magnetomechanische Aktivierung eignen, hängt wesentlich von der Materialausprägung in kristallographisch orientierter Form der magnetischen Momente, auch Textur genannt, ab [Che06]. Es handelt sich dabei um die Ausrichtung nach einer bevorzugten kristallographischen Achse, die eine übergreifende magnetische Anisotropie entstehen lässt. Diese Ausrichtung kann durch die Wahl des Trägersubstrates, auf dem die Dünnfilme aufgebaut werden, begünstigt werden. Eine schwache Ausprägung ist für das im Rahmen dieser Arbeit verwendete Substrat aus PVA und äußeren Magnetfeldern von 0,5 T zu erwarten [Aga05, Oht08].

2.3.3 Aktor-Verwendung von Ni-Mn-Ga-Dünnfilmen

Bei der Verwendung von Ni-Mn-Ga als Formgedächtnis-Aktormaterial ist für die praktische Anwendung eine stabile Ausprägung des martensitischen Gefüges bei Raumtemperatur nötig. Außerdem sollte eine Phasenumwandlung im energetisch günstigen Abstand von 50°-100° C darüber einsetzten. Auf diese Weise lässt sich ein sicherer Aktorbetrieb mit minimiertem Energieverbrauch bei der elektrischen Beheizung kombinieren. Für die stöchiometrische Legierung Ni_2MnGa beträgt M_s 272 K [Ull96] und scheidet damit als Kandidat für ein Aktormaterial unter Umgebungsbedingungen aus. Der Temperaturbereich der Phasentransformation lässt sich durch eine Variation der Legierungselemente anpassen (siehe Abb. 2-9) [Tak03, Mat99].

Für eine Zunahme des Nickel-Gehalts ist neben der starken Zunahme von M_s auch eine leichte Abnahme der Curie-Temperatur T_C feststellbar, die den Wechsel von ferromagnetischem zu paramagnetischem Verhalten kennzeichnet.

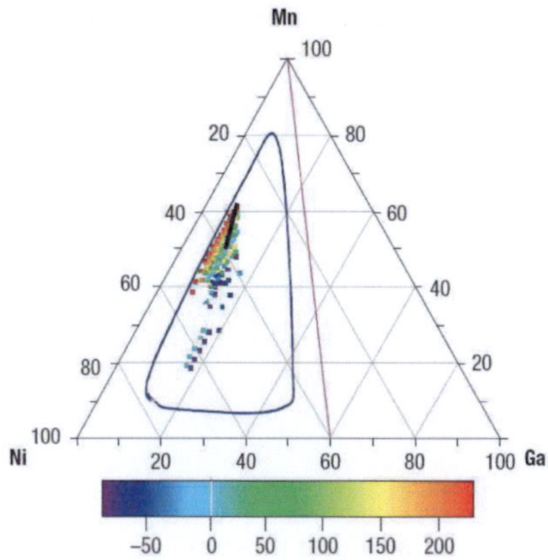

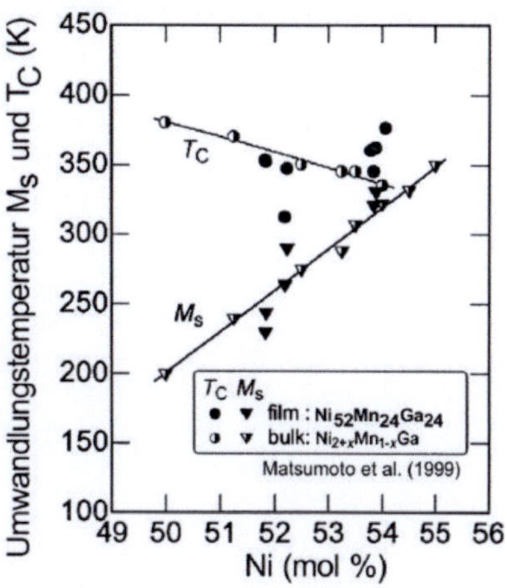

Abb. 2-9: Abhängigkeit der Umwandlungstemperatur (links, in °C [Tak03]) und der Curie-Temperatur (rechts, in K [Mat99]) von der Legierungszusammensetzung

Für gesputterte polykristalline Dünnfilme ergibt sich die Möglichkeit der antagonistischen Nutzung des thermischen Formgedächtniseffektes und der schaltbaren magnetischen Kraft durch eine temperaturabhängige Magnetisierung des Materials [Koh03, Bru06]. Diese Kombination bildet die Grundlage für den in Kapitel 1 vorgestellten Microscanner. Dazu sollte die Curie-Temperatur durch die Legierungszusammensetzung auf den Anfangsbereich der martensitischen Umwandlung eingestellt sein. Zusätzlich nehmen die Randbedingungen bei der Herstellung wie das Tempern Einfluss auf das Temperaturverhalten des Materials [Oht00].

So kann auch durch geeignete Wahl der Sputterleistung eine Anpassung der Phasenumwandlungstemperaturen erfolgen (siehe auch Tabelle 3-1). Die Wahl des Temperaturbereichs sollte bei der Auslegung des Aktors ausreichend berücksichtigt werden, da sich eine große Temperaturdifferenz zwischen dem martensitischen Gefüge bei Raumtemperatur und dem Beginn der martensitisch-austenitischen Umwandlung negativ auf die zu erwartende Aktordynamik auswirkt. Zudem besteht ein linearer Zusammenhang zwischen der erzielbaren

Magnetisierung der Legierung bei Raumtemperatur und der Umwandlungstemperatur (siehe Abb. 2-10).

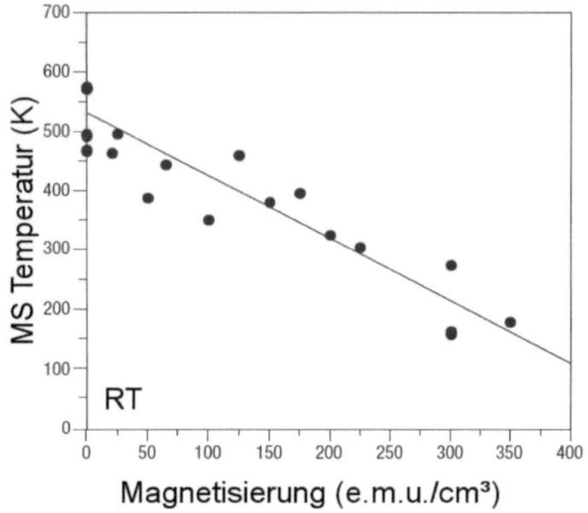

Abb. 2-10: Zusammenhang zwischen Umwandlungstemperatur und Magnetisierung bei Raumtemperatur [Tak03]

Bereits eine Änderung der Legierungszusammensetzung um wenige Prozent hat erheblichen Einfluss auf die Materialeigenschaften. So muss für jeden Anwendungsfall ein Optimum hinsichtlich der maximalen Magnetisierung (Abb. 2-8, roter Bereich), der martensitischen Umwandlung (Abb. 2-8, schwarz umrandeter Bereich) und der gewünschten Umwandlungstemperatur (vergleiche Abb. 2-9) gefunden werden.

2.3.4 Grundlegende Überlegungen zum sensorischen Einsatz von Ni-Mn-Ga

Eine weitere Eigenschaft der ferromagnetischen Formgedächtnislegierung Ni-Mn-Ga ist die Reaktion auf ein extern angelegtes Magnetfeld in Form eines Magnetowiderstandseffektes. Je nach Ausrichtung und Stärke des Feldes ergibt sich eine Reduktion des intrinsischen elektrischen Widerstands der Legierung [Lun02]. Diese Eigenschaft bietet sich für einen Einsatz als Sensor an. Das

Signal eines aktiv angesteuerten Formgedächtnisaktors aus Ni-Mn-Ga besitzt demnach eine thermoresistive und eine magnetoresistive Komponente. Dabei können vier Anwendungsfälle voneinander abgegrenzt werden. Deren Einteilung erfolgt über Materialeigenschaften wie dem Auftreten der Curie-Temperatur vor oder nach dem Bereich des Phasenübergangs (vergleiche auch Abb. 2-9) und durch die absolute Stärke des Magnetfeldes (siehe Tabelle 2-2).

Tabelle 2-2: Fallunterscheidung zum sensorischen Einsatz von Ni-Mn-Ga

$T_0 < T_C$ und $H < 1$ T	**$T_0 < T_C$ und $H >> 1$ T**
• MR Effekt als Sensor während des Formgedächtniseffekts • MR Effekt < 1%; Thermische Widerstandsänderung dominiert Messung • Komplexe Interaktion von Phasenübergang und MR Effekt	• Komplexe Interaktion von Phasenübergang und MR Effekt • MR Effekt kann stärker ausgeprägt sein als thermische Widerstandsänderung • Technische Einschränkungen bei der Bereitstellung des Magnetfeldes
$T_0 > T_C$ und $H < 1$ T	**$T_0 > T_C$ und $H >> 1$ T**
• MR Effekt als Sensor der Magnetisierungsänderung • MR Effekt < 1%; Thermische Widerstandsänderung dominiert Messung • Aktorbewegung als Kombination von Magnetisierungsänderung und SMA-Kraft	• Aktorbewegung als Kombination von Magnetisierungsänderung und SMA-Kraft • MR Effekt auf Martensit beschränkt • Technische Einschränkungen bei der Bereitstellung des Magnetfeldes

Die Aktorbewegung im Magnetfeld kann durch die fallweise vorhandenen sensorischen Eigenschaften, korrigiert um den thermischen Einfluss, im aktiven Bereich überwacht werden. Zu diesem Bereich zählt auch eine Aktorbewegung durch Variantenreorientierung im wechselnden Magnetfeld (giant magnetostrain effect) oder die magnetisch induzierte Rücktransformation von Martensit nach Austenit in epitaktischen Dünnfilmen [Fae08]. Für die Materialgruppe mit Transformations-temperaturen über der Curie-Temperatur ($T_0 > T_C$) kann bereits durch die elastischen Eigenschaften des Aktors nach Aussetzten der magnetischen Auslenkkraft eine Bewegung auftreten, die im paramagnetischen Material keine Widerstandsänderung mehr hervorruft. Die für die Aktoren verwendete ferromagnetische Formgedächtnislegierung Ni-Mn-Ga (gesputtert bei 200 W) gehört zur ersten Materialgruppe in Tabelle 2-2, wobei für magnetische Flussdichten bis zu 1 Tesla der magnetoresistive Effekt im Bereich unter 1% bleibt. Diese Ausprägung stellt auch die Randbedingungen für ein miniaturisiertes Ablenksystem mit Permanentmagneten dar. Gleichzeitig sind die thermoresistiven Einflüsse beim Anstieg von Raum- auf Phasenübergangs-Temperatur um eine Größenordnung stärker ausgeprägt.

2.4 Spiegelaktoren in der Mikrotechnik

Spiegelaktoren sind optische Bauelemente, die zur gerichteten Ablenkung von Lichtstrahlen dienen. Typische Einsatzbereiche sind die Nachrichtentechnik, die optische Projektionstechnik und Anwendungen zur Objekterkennung. In der Nachrichtentechnik kommen optische Schalter zum Einsatz, die optische Netzwerke aus Glasfaser-Leitungen verbinden. Die optische Projektionstechnik verwendet Kippspiegel im Mikroformat zur Bilderzeugung, sowohl im professionellen Bereich wie bei der Kinoausrüstung, aber auch im privaten Bereich bei Heimkinosystemen [Hor02]. Der Einsatz von Spiegelaktoren zur Objekterkennung umfasst einen weiten Bereich, der vom Laserscanner zur Barcodeerkennung bis zur Hinderniserkennung im Automobilbau reicht [Bru06]. Der Investitionsgüterbereich stellt hohe Anforderungen bezüglich der Leistungsfähigkeit, der Robustheit, der Lebensdauer und der Zuverlässigkeit der Aktoren. Gerade die Hinwendung zu „intelligenten Systemen“ in der Fertigung führt zu einem hohen Bedarf an Aktoren und Sensoren zur Prozessüberwachung und –steuerung [Men97]. An dieser Stelle spielen Mikroaktoren ihre Stärke aus. Sie lassen sich in großer Stückzahl mit geringem Materialaufwand parallel fertigen und ebenso auf ihre Qualität testen, wodurch die Stückkosten sinken. Durch das günstige Verhältnis von Masse und Aktorkraft erreichen sie hohe Arbeitsfrequenzen und sind zudem unempfindlich gegen Stöße und Vibrationen. Zudem lassen sich Apparate durch ihre geringen Abmessungen kompakt und mit erweiterter Funktionalität bauen. Bedingt durch Herstellungsverfahren, die aus dem Bereich der Mikroelektronik stammen, lassen sie sich als hochintegrierte Einheiten fertigen, die mechanische und elektronische Komponenten schon bei der Herstellung vereinigen. Diese komplexen Systeme lassen sich durch standardisierte Schnittstellen modular in eine bestehende Infrastruktur integrieren. Im Folgenden sollen die wichtigsten Aktorprinzipien zur miniaturisierten Strahlablenkung vorgestellt werden.

2.4.1 Elektrostatische Spiegelaktoren

Ein eindrucksvolles Beispiel für die Kommerzialisierung eines optischen MEMS-Produktes ist der Mikrospiegelaktor (DMD, Digital Micromirror Device) der Firma Texas Instruments, der im Bereich der hochauflösenden digitalen Projektion weite Verbreitung gefunden hat [Hor02]. Er besteht aus einer matrixförmigen Anordnung von Mikrospiegeln, die jeweils eine Kantenlänge von 16 µm haben (siehe Abb. 2-11 links). Als bilderzeugende Einheit liegt die mittlerweile erzielte Auflösung bei bis zu 2048 x 1080 Pixel. Die hier eingesetzten Mikroaktoren zur Strahlablenkung mit zwei stabilen Zuständen arbeiten nach dem elektrostatischen Prinzip und können ihre Ausrichtung bis zu 5000 mal in der Sekunde ändern. Die anziehenden Kräfte, die auf die Kondensatorflächen wirken, lassen sich mit folgender Formel berechnen [Men97]:

$$F_{el}=\frac{1}{2}\epsilon_0 A\left(\frac{U}{d}\right)^2 \qquad (2\text{-}2)$$

Aus der Formel geht hervor, dass ausreichend große Kräfte zur Manipulation von Objekten entweder durch große Spannungen oder durch geringe Abstände erzielt werden können. Bei großen Spannungen tritt ab ca. 100 V/µm das Problem des Ausgleichs durch Überschlag auf, wenn der Abstand d und die Isolationseigenschaften ε_0 der Umgebung nicht ausreichend sind. Deshalb sind vor allem für elektrostatische Linearaktoren kammartige Strukturen, die auf Grund einer festen und einer beweglichen Lagerung ineinander greifen können, typisch [Sch01]. Auf diese Weise ergibt sich eine große Oberfläche für die Ladungsansammlung und ein geringer Zwischenraum. Technisch gesehen stellen sie eine Reihenschaltung von Kondensatoren dar. Ein solcher Aktor ist in Abbildung 2-11 rechts dargestellt.

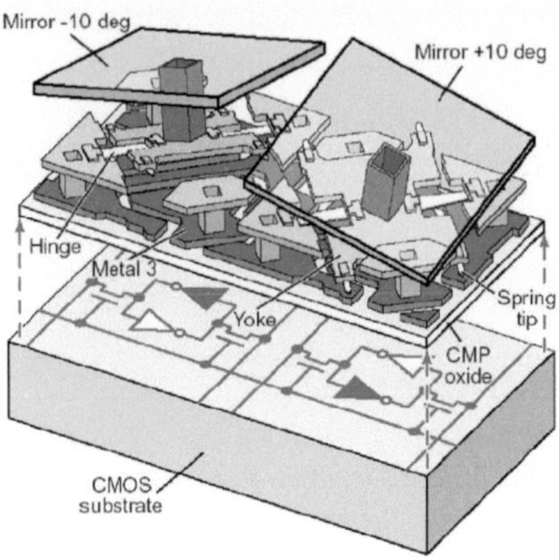

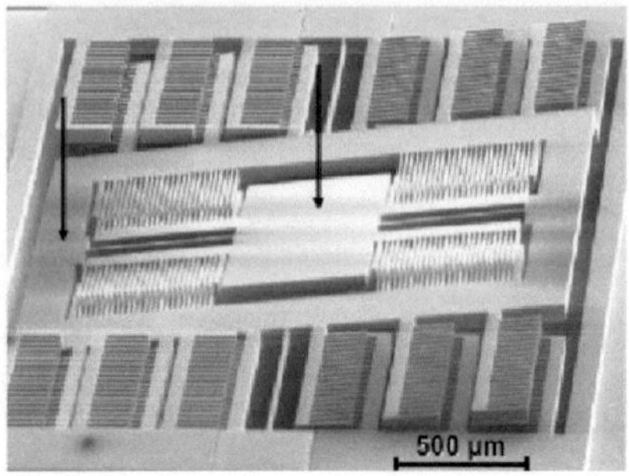

Abb. 2-11: DMD zur Strahlablenkung (links), elektrostatischer Kammaktor (rechts)

Die Verkippung der Spiegel des DMD von Texas Instruments um ±10° erfolgt über einen elektrostatischen Aktor, dessen bewegliche Elektroden am Torsionssteg unterhalb des Spiegels angebracht sind. Bei periodischer Ansteuerung befindet sich der Aktor in Resonanz, wobei ein Umschaltvorgang 21 µs dauert. Bei dem Mikrospiegelaktor ist die Integration der optischen Komponenten in die CMOS-Technologie der Mikroelektronik exemplarisch erkennbar. Auf diese Weise lassen sich im Mikromaßstab freistehende funktionale Einheiten mit hoher Präzision und in großer Stückzahl erzeugen. Sie weisen zudem eine ausgesprochen hohe Zuverlässigkeit bei Ermüdungstests auf. Auf Grund ihrer geringen Masse tolerieren sie auch starke Erschütterungen und Vibrationen.

2.4.2 Elektromagnetische Spiegelaktoren

Für die Implementierung elektromagnetischer Aktoren im Mikromaßstab stehen mehrere Effekte zur Verfügung. So lassen sich in bestimmten Eisen-Nickellegierungen durch Anlegen eines äußeren Magnetfeldes innere Spannungen erzeugen, die eine Formänderung bewirken [Hei01]. Die durch diesen magnetostriktiven Effekt erzielbaren linearen Längenänderungen gleichen in ihrer Größenordnung denen des elektrischen Piezoeffektes und können folgendermaßen berechnet werden:

$$\frac{\Delta l}{l}=\frac{\sigma}{E}+a\,B^2 \qquad (2\text{-}3)$$

Für mikrotechnische Anwendungen eignet sich die Legierung Tb-Dy-Fe (Terfenol D), da sie sich durch ihre Sputterfähigkeit gut in die mikrotechnischen Fertigungsprozesse integrieren lässt [Qua94]. Durch das Aufbringen dieses magnetisch aktivierbaren Materials auf ein dünnes Substrat können Biegeaktoren herstellt werden, die zur Strahlablenkung geeignet sind. Die erzielbaren Auslenkungen bewegen sich im Bereich von wenigen Grad [Gar00].

Zu den elektromagnetischen Effekten zählt auch die Lorentzkraft, die auf bewegte Ladungen im Magnetfeld wirkt [Lue05]. Auf einen elektrischen Leiter der Länge l, der senkrecht zum Magnetfeld B orientiert ist, wirkt durch den angelegten Strom I die Kraft F_L:

$$F_L=I\cdot l\cdot B \qquad (2\text{-}4)$$

Der Effekt lässt sich durch eine Wicklung des Leiters zu einer Spule noch erheblich steigern. Diesen Ansatz verfolgt ein 2D-Ablenksystem der Firma Microvision Inc. [Win00]. Das zentrale Bauteil ist dabei ein zweiachsiger Torsionsspiegel mit der Kantenlänge von 1,4 mm, der in vertikaler Richtung elektrostatisch um 7° und in horizontaler Richtung durch die Lorentzkraft um 5° ausgelenkt werden kann (siehe Abb. 2-12 links).

Um die elektrostatischen Elektroden hinter dem Spiegel positionieren zu können, ist eine zweilagige Struktur vorgesehen. Im Einsatz wird das aus Silizium gefertigte Bauteil senkrecht in dem vertikalen Feld zwischen zwei Permanentmagneten ausgerichtet (Abb. 2-12 rechts). Zur horizontalen Auslenkung ist der Spiegel von einem Joch aus Silizium umgeben, auf das eine mikrostrukturierte Spule aus Gold aufgebracht ist.

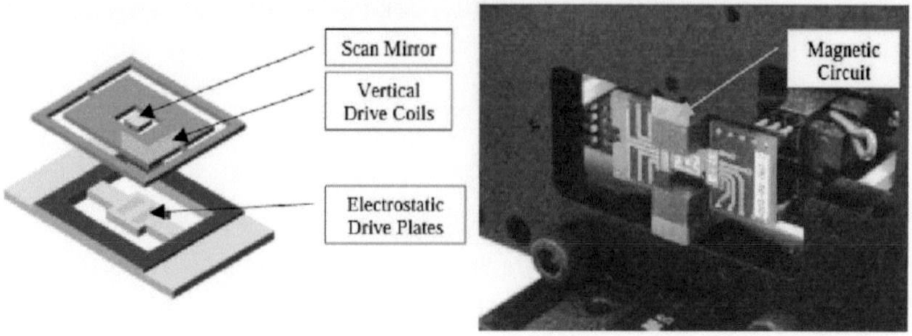

Abb. 2-12: 2D magneto-elektrostatisches Ablenksystem (links Detailaufnahme des Aktors, rechts zusammengesetztes System mit Magneten), Einsatz der Lorentzkraft, um den Aktor um die vertikale Achse auszulenken

Durch das Anlegen einer elektrischen Spannung wirkt auf die beiden horizontalen Bereiche der Spule die Lorentzkraft in antiparalleler Richtung, wodurch der Spiegel um die vertikale Achse ausgelenkt wird. Dabei wird das System in Resonanz bei 19 kHz betrieben. In Verbindung mit einem Laser kann auf diese Weise eine Darstellung in VGA-Auflösung (640 x 480 Pixel) projiziert werden.

2.4.3 Piezoelektrische Spiegelaktoren

Ausgewählte kristalline Materialien mit elektrischer Polarisierbarkeit und sehr geringer Leitfähigkeit weisen in einem elektrischen Feld den sogenannten inversen piezoelektrischen Effekt auf. Er äußert sich in einer Verformung der Elementarzellen des Kristalls durch eine über das elektrische Feld induzierte Verlagerung des Ladungsschwerpunkts und einer daraus resultierenden Geometrieänderung des Aktors [Lue05]. Ein scheibenförmiger Aktor mit der Schichtdicke von 1 mm erzielt unter Verwendung des longitudinalen Effekts Hübe von 0,2% bei einer Betriebsspannung von 300 V [Pyu04]. Die bekanntesten Werkstoffe sind Ouarz, Turmalin sowie die Keramiken Zinkoxid (ZnO), Bleizirkonattitanat (PZT) und Bleimagnesium-niobat (PMN). Die Schichtdicken und das Herstellungsverfahren (Sputtern im Fall von Zinkoxid) von Piezo-Aktoren führen zur

Verwendung in der Mikrosystemtechnik. Das in Abbildung 2-13 dargestellte System erlaubt unter Verwendung eines Torsionsspiegels, der über zwei Biegebalken von 1,7 mm Länge und 1,1 µm Dicke ausgelenkt wird, Frequenzen bis 7000 Hz [Kob05]. Dieser Parameter und die maximal erzielbaren Ablenkwinkel hängen bei dieser Konstruktion wesentlich von der Länge der Verbindungsstege (5, 10 und 20 mm) zwischen den Biegeaktoren ab. Die erzielbaren Ablenkwinkel von bis zu 25° treten nur bei Anregung in Resonanz auf (siehe Abb. 2-13 rechts). Die Erzeugung des zur Aktivierung benötigten elektrischen Feldes zwischen zwei Elektroden entspricht vom Aufbau her einem Kondensator, wodurch eine teilweise Rückgewinnung der eingesetzten Energie möglich wird und die Aktoren einen hohen Wirkungsgrad erzielen.

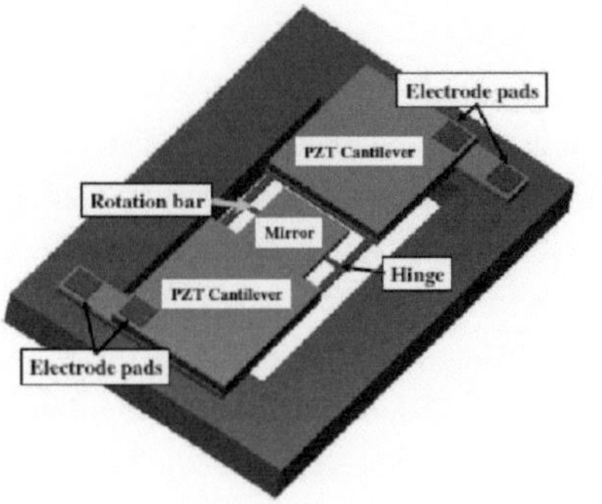

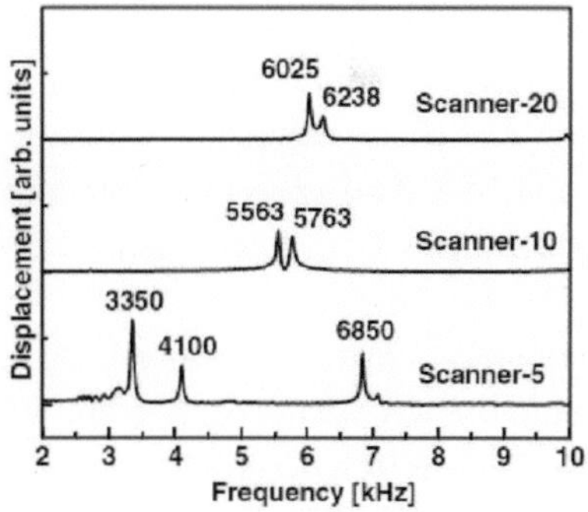

Abb. 2-13: 1D-Torsions-Scanner mit Befestigung des Spiegels an Verbindungsstegen zwischen zwei piezoelektrischen Aktoren (links), Betrieb bei Resonanzfrequenzen in Abhängigkeit von der Länge der Verbindungsstege zwischen den Aktoren (rechts)

2.4.4 Ferromagnetische Formgedächtnisaktoren

Der in Kapitel 1 vorgestellte Mikroscanner bietet sich ebenfalls zur optischen Strahlablenkung an. Bisher wurde er nur pulsweise zwischen zwei Maximalpositionen angesteuert und die sich dabei einstellende kontinuierliche Aktorverformung führte den Strahl [Bru06]. Für eine gezielte Strahlablenkung benötigt das

System eine Positionsermittlung des Aktors und eine entsprechende Regelung, um die gewünschte Position anzufahren und zu halten. Herausragender Vorteil gegenüber den anderen hier vorgestellten Systemen sind die großen erzielbaren Ablenkwinkel von bis zu 60°.

2.5 Sensorprinzipien

Um einen Lichtstrahl gezielt auszulenken, ist die Kenntnis von der genauen Position des Aktors erforderlich. Bei alternierenden Aktoren, die sich zwischen zwei Endpositionen bewegen, wie die Mikrospiegel auf dem DMD von Texas Instruments, reicht dabei die Evaluierung der Stromrichtung des anliegenden Steuersignals für eine ausreichende Bestimmung. Die dabei verwendeten elektrostatischen Aktoren sind jedoch auch in der Lage, bei differentieller Ansteuerung Zwischenpositionen einzunehmen und zu halten [Kal06]. In diesem Fall erlaubt die Auswertung der Kapazität Rückschlüsse auf die eingenommene Position. Der Aktor erhält damit eine sensorische Eigenschaft, die zur Ermittlung der Ausrichtung und damit zur Lageregelung genutzt werden kann.

Bei Aktoren zur Strahlablenkung handelt es sich um Elemente, die die Ausbreitung eines Lichtstrahls beeinflussen. Das vorherrschende Prinzip beruht dabei auf der elektro-mechanischen Ansteuerung eines Spiegels zur Lageänderung. Zur Ermittlung der aktuellen Position wird deshalb ein Sensor benötigt, der die Ausrichtung des Spiegels aufzeichnen und in ein elektrisches Signal umwandeln kann und zudem in das Ablenksystem integrierbar ist.

Bei der Auswahl des Sensors stehen verschiedene Prinzipien mit einer direkten elektro-mechanischen Wechselwirkung zur Verfügung. Ihr Kernstück ist ein Wandlerelement, das die mechanische Eingangsgröße in eine elektrische Ausgangsgröße transformiert. Muss dieser Prozess durch Hilfsenergie unterstützt werden, wird von passiven Sensoren gesprochen. Aktive Sensoren beziehen die Energie zur Signalerzeugung aus der mechanischen Eingangsgröße [Hei01]. Die technische Ausprägung dieses mechanisch beeinflussten Wandlerelements kann in Form von elektrischen Leiterbahnen mit veränderlichem Widerstand, in aufgebrachten piezoelektrischen Schichten oder der veränderlichen Kapazitäten von Referenzelektroden erfolgen. Für dynamische Systeme ist auch eine Evaluierung des Zeitverhaltens zu berücksichtigen. Im Folgenden sollen Sensorprinzipien dargestellt werden, die sich für den Einsatz in einem optischen Ablenksystem eignen [Kol94].

2.5.1 Kapazitive Positionsermittlung

Die Kapazität stellt einen dynamischen Speicher für elektrische Ladungen dar, der sich auf unterschiedliche Weise zur Signalgenerierung verwenden lässt [Mar07]. Die Umsetzung erfolgt durch zwei oder mehr elektrisch leitfähige Flächen als Elektroden, wobei ein Dielektrikum den elektrischen Kontakt verhindert. Nach dem Verbinden der Elektroden mit einer Spannungsquelle wandern Elektronen entsprechend der Flussrichtung auf eine der gegenüberliegenden Flächenoberseiten. Gleichzeitig werden sie von der anderen Seite abgezogen, wodurch ein elektrisches Feld zwischen den Elektroden entsteht. Der Aufbau benötigt Energie, die durch die Spannungsquelle bereitgestellt wird und auch nach Trennung der Zuleitungen über das Feld im Kondensator gespeichert ist. Nach einem Kontakt der so elektrisch aufgeladenen Flächen mit einem elektrischen Leiter fließt ein elektrischer Ausgleichsstrom bis die Ladungen im System gleichverteilt sind. Dieser Ausgleichsstrom kann als Messsignal dienen, falls sich die Eigenschaften des Dielektrikums oder die relative Elektrodenposition ändern. Das Maß der Speicherfähigkeit ist die Kapazität C mit der Einheit Farad F. Zu ihrer Berechnung dient folgende Formel [Lue05], bestehend aus der kombinierten Dielektrizitätskonstante ε und dem Verhältnis von Kondensatorfläche A zu Elektrodenabstand a:

$$C=\epsilon_0\epsilon_r\frac{A}{a} \qquad (2\text{-}5)$$

Die Dielektrizitätskonstante ε beschreibt die Materialeigenschaft des isolierenden Stoffes ε_r zwischen den Kondensatorelektroden, ausgehend von dem Parameter für Vakuum ε_0. Sie bezieht sich dabei auf die Polarisierbarkeit im elektrischen Feld und damit auf den Beitrag des Materials zur Energiespeicherung im Kondensator.

Die Variablen in der Formel zur Berechnung der Kapazität beschreiben die Möglichkeiten der sensorischen Verwendung von Kondensatoren. Die Optimierung des Verhältnisses von Elektrodenfläche zu Elektrodenabstand im Sinne einer möglichst großen Kapazität spricht für die Verwendung in mikromechanischen Systemen. Die Integration einer kapazitiven Positionsermittlung in ein mikrooptisches Ablenksystem beschränkt den Sensoreinsatz auf einzelne evaluierbare Variablen. Die vorgestellten Systeme lenken mechanisch einen Spiegel aus, dessen Abmessungen für die gleichzeitige Verwendung als Elektrodenfläche sprechen. Die Bewegung des Spiegels geht dann mit einer Abstandsänderung gegenüber einer Referenzelektrode einher, wodurch sich die Kapazität als Messgröße ändert.

2.5.2 Resistive Positionsermittlung

Das Prinzip des Widerstandsmessfühler beruht auf der Evaluierung des spezifischen Widerstands ρ eines elektrischen Leiters, wobei dieser unterschiedlichen mechanischen oder thermischen Einflüssen ausgesetzt sein kann. Eine typische Bauform des Sensors zur Überwachung von Verformungen ist der Dehnmessstreifen (DMS). Er zählt zu den passiven Sensortypen, da er zur Auswertung Hilfsenergie benötigt [Hei01]. Bei konstanter Temperatur kann in Abhängigkeit von Querschnitt A und Länge l der Leiterbahn der absolute Widerstand R ermittelt werden. Auf den Leiter einwirkende Verformungen verändern die geometrischen Parameter und damit auch den absoluten Widerstand. Typischerweise vergrößert sich die Leiterlänge, während gleichzeitig durch Querkontraktion der Querschnitt abnimmt. Mathematisch gilt folgender Zusammenhang [Kie95]:

$$R=\rho\frac{l}{A} \tag{2-6}$$

Zur Verstärkung der Widerstandsänderung unter Verformung ist eine große Leiterlänge l wünschenswert, weshalb viele Leiterschleifen in Belastungsrichtung ausgerichtet werden. Deren mäandernder Verlauf und die Einbettung in ein elastisches Trägersubstrat sind typisch für Dehnmessstreifen. Als materialabhängiger Korrelationsparameter in der Berechnungsformel beschreibt der Faktor k den verallgemeinerten Zusammenhang zwischen Dehnung und relativer Widerstandsänderung unter Berücksichtigung der Temperatur, des Leitermaterials und der Belastungsrichtung [Kie95].

$$\frac{\Delta R}{R} = k \frac{\Delta l}{l} \qquad (2\text{-}7)$$

Durch die geschickte Verschaltung mehrerer Dehnmessstreifen unter Ausnutzung von Symmetrien lassen sich die Temperatureinflüsse minimieren. Als Sensor zur Positionsermittlung lässt sich der Dehnmessstreifen in miniaturisierte Ablenksysteme integrieren, die Biegebalken oder Festkörpergelenke aufweisen. Prinzipbedingt weisen diese Systeme einen definierten, kontinuierlichen Verformungsbereich auf, der durch einen angepassten DMS ausgewertet werden kann.

2.5.3 Piezoelektrische Positionsermittlung

Der in Kapitel 2.5.3 zur aktorischen Verwendung vorgestellte piezoelektrische Effekt tritt bei Materialien auf, die in kristalliner Form ein elektrisches Dipolmoment aufweisen und in sehr geringem Umfang elektrisch leitfähig sind [Rae05]. Durch seinen direkten Zusammenhang von Ladungsverschiebung und Geometrieänderung lässt er sich auch als Sensor einsetzen. In diesem Fall werden die unter Belastung auftretenden Ladungsveränderungen der auf das Material aufgebrachten Elektroden ausgewertet. Über den sogenannten Proportionalitätsfaktor k lässt sich der Zusammenhang zwischen aufgebrachter Kraft F und elektrischer Ladung Q ermitteln [Lue05]:

$$Q = kF \qquad (2\text{-}8)$$

Für Quarz beträgt der Proportionalitätsfaktor k circa 2,3 x 10^{-12} As/N. Durch interne Ausgleichsvorgänge, abhängig vom Materialwiderstand, verringert sich die Ladungsdichte exponentiell mit zunehmender Belastungsdauer, was die Sicherheit bei statischen Messungen verringert. Es gilt folgender Zusammenhang [Hei01]:

$$Q(t) = Q_0 e^{\frac{-t}{RC}} \qquad (2\text{-}9)$$

Im Fall von Quarz beträgt der Innenwiderstand R 10^{12} Ohm, die Kapazität C des Sensors hängt von der Materialdicke, der dielektrischen Eigenschaften und der Elektrodenfläche ab. Die piezoelektrische Positionsermittlung ist prädestiniert für Systeme, die bereits den piezoelektrischen Aktoreffekt zur Strahlablenkung einsetzen. Durch die gleichzeitige Verwendung des Materials für aktorische und sensorische Aufgaben kann eine hohe Integrationsdichte erzielt werden, da ein intrinsisches Prinzip zur Anwendung kommt.

2.5.4 Photoelektrische Positionsermittlung

Die Verwendung von miniaturisierten Ablenksystemen zur Ausrichtung eines Lichtstrahls legt dessen Verwendung zur Positionsermittlung nahe. Optische Elemente, wie halbdurchlässige Spiegel, erlauben die definierte Auskopplung eines Lichtanteils aus der Hauptstrahlrichtung, der zur Evaluierung herangezogen werden kann [Kal06]. Die dabei verwendeten photoelektrischen Bauelemente ermöglichen die Ermittlung der Intensität sowie die Position des Strahls auf der Sensoroberfläche. Als Reaktion auf ein einfallendes Lichtquant reagieren einige Materialien aus der Gruppe der Halbleiter (v.a. Germanium und Silizium mit unterschiedlichen Dotierungen) mit der Freisetzung eines Elektrons und dem damit verbundenen Anstieg der Leitfähigkeit. Auf dieses Weise lässt sich z.B. ein positionssensitiver Photodetektor (PSD) realisieren. Er erlaubt die Bestimmung des Schwerpunktes eines Lichtstrahls auf einer aktiven photoempfindlichen Fläche. Dabei evaluiert er die durch einen Lichtstrahl erzeugten Photoströme, die beim eindimensionalen Zeilendetektor über die Anoden an den gegenüberliegenden Zeilenenden abgeleitet werden. Der elektrische Kreis wird durch eine gemeinsame Kathode geschlossen. Die Ströme teilen sich proportional entsprechend des Abstandes zwischen Strahlposition x und den beiden Anoden 1 und 2 unter Berücksichtigung der Zeilenlänge L:

$$\frac{I_1-I_2}{I_1+I_2}=\frac{2\mathrm{x}}{L} \qquad (2\text{-}10)$$

Ein solcher Ansatz wurde auf Grund der guten Zeitauflösung zur Überwachung des dynamischen Verhaltens bei dem in Kapitel 1 vorgestellten Ablenksystem verfolgt, das einen magnetisch vorausgelenkten Biegebalken aus Ni-Mn-Ga verwendet [Bru06].

2.5.5 Magnetoresistive Positionsermittlung

Der Magnetowiderstandseffekt (magneto resistance effect, MR-Effekt) bezeichnet die relative Änderung des elektrischen Widerstands eines Leiters in Abhängigkeit von einem äußeren Magnetfeld. Ursache dafür ist ein Streuprozess, bei dem Leitungselektronen zwischen Bändern mit unterschiedlicher Beweglichkeit wechseln. Die Streuwahrscheinlichkeit korreliert mit der Orientierung der Elektronenspins, die wiederum durch äußere Magnetfelder beeinflusst werden. Seine maximale Ausprägung erfährt der Effekt bei orthogonaler Ausrichtung von magnetischem Feld und Stromfluss. In diesem Fall gilt:

$$R = R_0 - \Delta R \qquad (2\text{-}11)$$

Typischerweise beträgt die Größenordnung wenige Prozent und konkurriert dabei mit einer möglichen thermisch induzierten Widerstandsänderung. Dieser Effekt des negativen Magnetowiderstands tritt bei Materialien mit ferromagnetischer Ordnung auf [Lan00]. Dazu zählen auch Verbindungen von Übergangsmetallen wie Nickel oder Mangan mit seltenen Erden. In diesem Zusammenhang ist die Legierung Ni-Mn-Ga ein hervorragendes Beispiel für ein multifunktionales „Smart Material“, das neben seinen thermo-magneto-mechanischen Eigenschaften zur aktorischen Verwendung auch magnetische und thermische Sensoreigenschaften aufweist. Der magnetoresistive Sensoreffekt lässt sich nahtlos in das bestehende mikrooptische Ablenksystem integrieren. Eine Positionsänderung des Biegebalkens führt zu einer Änderung der magnetischen Flussdichte, die auf das Aktormaterial einwirkt. Das Resultat ist eine Änderung des elektrischen Widerstands, die temperaturkompensiert zur Positionsbestimmung verwendet werden soll. Auf Grund der vorteilhaften Ergänzung des Systems soll die Evaluierung dieses Effektes im Vergleich mit anderen Sensoreffekten Kern dieser Arbeit sein.

2.6 Zusammenfassung

Das zweite Kapitel fasst die bekannten Grundlagen aus dem Bereich der Smart Materials zusammen und hebt dabei die antagonistische Verwendung des Formgedächtniseffektes und der ferromagnetischen Eigenschaften der Legierung Ni-Mn-Ga als Aktor hervor. Konkurrierende Systeme mit alternativen Aktorprinzipien werden ebenso vorgestellt wie Sensorprinzipien, die sich im Bereich der Positionsermittlung in der Mikrosystemtechnik etabliert haben. Diese Informationen bilden die Grundlage für die in den folgenden Kapiteln dargestellten Versuche zur Materialcharakterisierung und die Konzeptfindung eines Ablenksystems mit integrierter Positionsermittlung.

3 Verfahren zur Herstellung und Charakterisierung

3.1 Herstellungsverfahren

Die Herstellung der Kernkomponenten eines mikrooptischen Ablenksystems in Form von Aktoren und Sensoren basiert auf den Aufbau- und Bearbeitungsprozessen der Mikrosystemtechnik, deren Ursprünge wiederum in den Fertigungsprozessen für miniaturisierte elektronische Schaltkreise zu finden sind [Men97]. Diese Prozesse weisen hohe Anforderungen hinsichtlich der Strukturgenauigkeit und der Kontrolle von Umgebungsbedingungen wie Beleuchtung, Partikelanzahl, Temperatur und Luftfeuchte auf. Kennzeichnend für die meisten Fertigungsschritte ist deshalb die Ausführung in einem Reinraum. Die Abstammung aus dem Bereich der Mikroelektronik äußert sich zudem in der Möglichkeit der parallelen Fertigung von Strukturen im Batch, wenn z.B. Lithographie und nasschemisches Ätzen zum Einsatz kommen. In diesem Fall orientieren sich die Fertigungsprozesse an zwei-dimensionalen Strukturen, deren Form durch Belichtungsmasken definiert wird. Die Erweiterung in die dritte Dimension erfolgt durch die sequentielle Abfolge von schichtweisem Aufbau oder Abtrag, wobei Materialien wie Metalle, Halbleiter oder Polymere zum Einsatz kommen können. Die Entfernung von Opferschichten ermöglicht am Ende der Strukturierung ein einfaches Ablösen der Bauteile vom Trägersubstrat. Auf diese Weise lassen sich funktionale Bauteile mit kritischen Dimensionen im Mikrometerbereich herstellen. Im Rahmen dieser Arbeit wurde so bei dem Aktorelement auf Ni-Mn-Ga und den resistiven Sensoren in Form von Dehnmessstreifen verfahren. Daneben kommen konventionelle Formgebungs-verfahren wie Sägen, Schneiden Erodieren oder Fräsen bei weiteren Bestandteilen des Systems zum Einsatz. Zur Integration bieten sich ebenfalls, bezogen auf den Anwendungsfall, unterschiedliche Verfahren wie Spaltschweißen oder Kleben mit unterschiedlichen Adhesiven an. Im Folgenden sollen die Prozesse bei der Herstellung von Teststrukturen und Komponenten eines adaptiven Ablenksystems auf der Basis der Legierung Ni-Mn-Ga beschrieben werden.

3.1.1 Layout der Komponenten

Das Aktor-Ausgangsmaterial liegt in Form von metallischen Dünnfilmen vor, die nach Verformung einen thermisch-induzierten Formgedächtniseffekt aufweisen. Die dabei auftretende Temperaturänderung beeinflusst gleichzeitig die ferromagnetischen Eigenschaften des Materials. Diese Dünnfilme besitzen eine geringe Steifigkeit, die die Verformung normal zur Filmfläche erleichtert. Die Summe dieser Eigenschaften begünstigt ein Aktorprinzip in Form eines magnetisch vorausgelenkten Biegebalkens, bei dem die Beheizung elektrisch über den intrinsischen Widerstand erfolgt. Das Herzstück des Ablenksystems ist ein elektrisch kontaktierter Doppelbiegebalken, der durch die Strukturierung eines Ni-MnGa-Dünnfilms hergestellt wird [Koh03] (siehe Abb. 3-1). Als thermomagneto-elektrischer Aktor hängen seine Eigenschaften vom Materialvolumen ab. Durch die gegebene Dünnfilm-Schichtdicke von 10 µm können die Parameter elektrischer Widerstand und Widerstand gegen Verformung durch die Breite und Länge der Leiterbahn beeinflusst werden. Vorangegangene Arbeiten haben ergeben, dass eine Bahnbreite von 400 µm und eine Aktorlänge von 3 mm einen geeigneten Kompromiss zwischen dynamischem Verhalten, Ablenkwinkel und mechanischer Stabilität darstellt [Bru06]. Da diese Struktur sowohl aktive als auch sensorische Eigenschaften aufweisen soll, wird sie auch für die mechanische und resistive Materialcharakterisierung herangezogen.

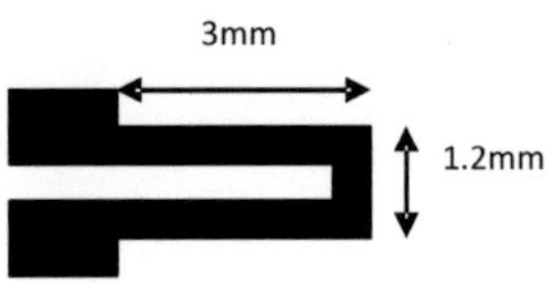

Abb. 3-1: Aufsicht einer Aktorstruktur in Form eines Doppelbiegebalkens, hergestellt aus einem 10 µm dicken Dünnfilm der ferromagnetischen Formgedächtnislegierung Ni-Mn-Ga

Die elektrische Kontaktierung erfolgt an den Kontaktpads der Aktorstruktur durch das Aufschweißen von Nickelstreifen mit einer Dicke von 50 µm. Die Streifen werden dafür in einer Abkantvorrichtung auf die Breite der Doppelbiegebalken-Kontaktpads von 1,1 mm zurecht geschnitten. Deren Länge bemisst sich in Abhängigkeit vom Versuchsziel individuell. Zusätzliche Stabilität und elektrische Isolation gewährleistet ein auf die absolute Breite des Aktors von 2,6 mm zugeschnittener und unter dem Element angebrachter Polyimidfilm. Seine Dicke beträgt 50 µm, wenn er ausschließlich auf die Kontaktpads und die Nickelstreifen aufgeklebt wird. Soll er zusätzlich den auszulenkenden Teil des Doppelbiegebalkens isolieren, kann flexibleres Material mit einer Dicke von 8 µm zum Einsatz kommen (siehe Kapitel 3.3). Dieser Aufbau wird je nach Versuch aus Gründen einer besseren Stabilität und Handhabbarkeit auf geeigneten Substraten wie Keramik, Glas oder Polymer aufgebracht. In einzelnen Versuchsreihen kommt zudem ein zusätzliches Sensorelement in Form eines Dehnmessstreifens in unmittelbarer Nähe des Aktors zum Einsatz. Dieses Element wurde von seiner Abmessung her auf die Geometrie des Biegebalkens und die lithographische Herstellung mittels einer Folienmaske abgestimmt. Die Herstellung erfolgt mittels Sputtern einer 25 nm dicken Goldschicht auf eine 8 µm dicke Polyimid-Folie und deren Strukturierung durch optische Lithographie und nasschemischen Abtrag. Das fertige Sensorelement besteht aus insgesamt 6 Bahnen mit einer Länge von je 2,6 mm und einer Breite von 75 µm in folgender Konfiguration:

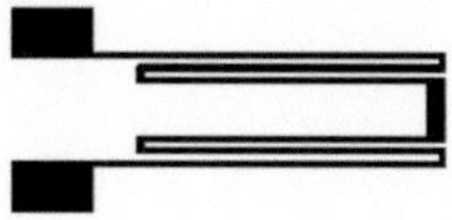

Abb. 3-2: Lithographie-Maskendesign eines Dehnmessstreifens, das für die Verwendung auf dem in Abb. 3-1 dargestellten Biegeaktor angepasst ist

Dieses Design eignet sich für ein Aufbringen direkt auf dem in Abb. 3-1 dargestellten und nach dessen Kontur ausgerichteten Doppelbiegebalken. Wahlweise kann die Sensorstruktur auf einer Polyimid-Trägerfolie, die lediglich an den Enden befestigt wird, etwas zurückgesetzt über den Kontaktpads zum Einsatz kommen, die gleichzeitig als Wärmesenke fungieren und so den thermischen Einfluss minimieren.

3.1.2 Technologische Aspekte der Legierung Ni-Mn-Ga

Die im Rahmen dieser Arbeit verwendete polykristalline Legierung Ni-Mn-Ga zeigt eine starke Abhängigkeit von thermischen Einflüssen mit direktem Einfluss auf die Materialeigenschaften. Die temperaturabhängigen Parameter wie Elastizitätsmodul, elektrischer Widerstand und Ferromagnetismus bilden die Grundlage für die Anwendung dieses multifunktionalen Werkstoffs [Koi08]. Das Auftreten der Effekte kann bereits bei Materialvolumen in der Nanometer-Dimension beobachtet werden [Fri06]. Als Fertigungsverfahren bietet sich das physikalische Sputtern für die Herstellung von polykristallinen Dünnfilmen an [Doy08], wohingegen einkristallines Volumenmaterial durch gezieltes Abkühlen der Schmelze nach der Bridgman-Methode erzeugt werden kann [Soe05]. Eine anschließende Wärmebehandlung beseitigt innere Spannungen, wobei auch das Einprägen der mechanischen Vorzugsausrichtung des Materials in der Hochtemperaturphase stattfindet. Das Vorliegen des Aktormaterials als metallischer Dünnfilm erleichtert die Integration in komplexe, mechanisch aktive Mikrostrukturen, da auf etablierte Techniken zur Mikrostrukturierung von Metallschichten zurückgegriffen werden kann. Auf Grund des zur Umwandlung benötigten Temperaturbereichs ist die Formgedächtnislegierung Ni-Mn-Ga auch kompatibel mit den meisten industriell eingesetzten Polymeren. Somit ist eine hohe Konfigurierbarkeit in Abhängigkeit von der gewünschten Funktion gegeben.

3.1.3 Herstellungsprozess mittels Sputtern

Der Begriff Sputtern beschreibt einen physikalischen Vorgang, bei dem mittels energiereicher Ionen einzelne Atome aus einem Körper, dem sogenannten Target, herausgelöst und an anderer Stelle abgeschieden werden. Er kann zum Schichtabtrag oder Schichtaufbau verwendet werden. Um diesen Prozess zu starten, ist eine materialabhängige Mindestenergie (meist 30-50 eV) nötig, ab der die auftreffenden Ionen ihren Impuls auf die Atome des Targets übertragen und weitere Kollisionen in einer Stoßkaskade initiieren. So entsteht in einem Teil der Target-Atome ein Impuls, der zur Oberfläche ausgerichtet ist. Bei ausreichend geringem Abstand zur Oberfläche kann das Atom das Target dann verlassen. Der Prozess ist in Abbildung 3-3 dargestellt [Lue05].

Die Methode ist umso effizienter, je geringer der Massenunterschied zwischen Ionen und Target-Atom ist. Zu Beginn des Prozesses steigt die Freisetzungsrate stark an und fällt dann wieder ab, da ein Teil der Energie von tieferen Materialschichten absorbiert wird. Oft kommen beim Sputtern Edelgase wie Argon zum Einsatz, alternativ oder ergänzend sind auch Stickstoff oder andere Elemente möglich. Wird ein Metallsubstrat als Target verwendet, kann es sich um reines Material oder um eine Mischung als Legierung handeln. Dessen Herstellung erfolgt über Gießen oder Sintern, wobei sich die einzelnen Legierungselemente unter Druck und Temperatur zu einem soliden Block verbinden. Der Abtragsvorgang findet unter Vakuum statt, wodurch die freigesetzten Atome in die Gasphase übergehen.

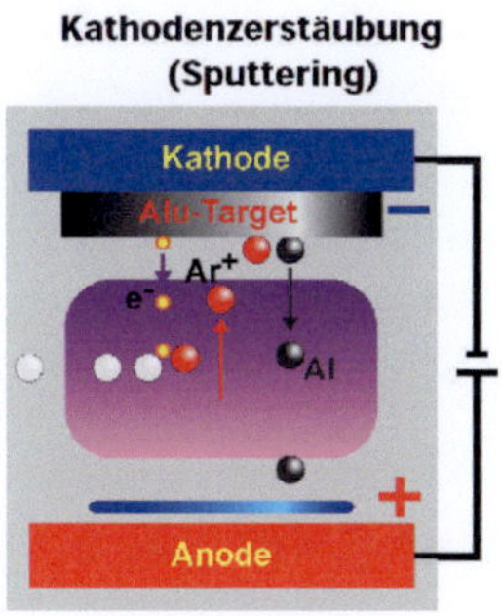

Abb. 3-3: Schematische Darstellung des Sputter-Vorgangs unter Verwendung eines Aluminium-Targets und eines Argon-Plasmas [Lue05]

Bei der Schichtdeposition befindet sich in der Nähe des Targets ein Substrat, auf dem die gelösten Atome kondensieren können. Ein möglichst geringer Anlagendruck erleichtert dabei die Überbrückung des Abstandes. Die einfachste Methode für Metalle ist das Gleichstrom-Dioden-Sputtern, bei der mittels einer Gleichspannung von 500-1000 V ein Niederdruck-Plasma zwischen Target und Substrat erzeugt wird. Auf diese Weise lassen sich allerdings nur geringe Sputterraten erzielen, da die Anzahl der Argon-Ionen relativ gering ist. Aufwendiger ist das Hochfrequenzsputtern (HF-Sputtern), bei dem ein Wechselspannungsfeld angelegt wird. Ab einer Frequenz von 50 kHz werden die Ionen auf Grund der Trägheit und der geringen Ladungskraft nicht mehr von dem Feld beeinflusst, lediglich die freien Elektronen oszillieren im Plasma. Auf diese Weise kann bei sehr geringen Drücken von 10^{-1}-10^{-2} Pa gesputtert werden, wodurch die Qualität der Schichten und Gefügestrukturen erheblich verbessert wird. Mit dieser Methode sind auch Halbleiter und Nicht-Leiter sputterbar, außerdem heizt sich das Substrat weniger auf. Dem oszilierenden elektrischen Feld kann zusätzlich noch ein magnetisches Feld überlagert werden, wodurch sich die Elektronen im Plasma auf Zykloidenbahnen bewegen und so noch intensiver im Plasma zirkulieren. Auf Grund ihrer Masse ist der Einfluss des Magnetfeldes auf die Ionen erheblich geringer. Die Methode erlaubt eine weitere Druckabsenkung in der Reaktionskammer, wodurch die Schichtqualität in Bezug auf Dichte und Porosität erheblich verbessert wird.

Beim Abtrags-Sputtern soll das Target selbst strukturiert werden, ein weiteres Substrat wird dabei nicht benötigt. Positive Bereiche müssen dabei durch eine spezielle nichtmetallische Schutzschicht, die im Plasma möglichst langsam degradiert, abgedeckt werden [Aue08]. Das abgelöste Material scheidet sich in der Umgebung des Targets ab. Speziell bei großflächigen Strukturen können so unerwünschte Seiteneffekte entstehen.

3.1.4 Funktionale Dünnfilme aus Ni-Mn-Ga

Die Herstellung der im Rahmen dieser Arbeit verwendeten ferromagnetischen Dünnfilme aus Ni-Mn-Ga erfolgt über die Materialdeposition zum Schichtaufbau beim Sputtern in einem Hochfrequenz-Magnetron. Sie stammen aus dem „Institute of multidisciplinary research for advanced materials“ an der Tohoku-Universität in Japan [Suz99]. Das temporäre Trägersubstrat, auf dem sie abgeschieden werden, besteht aus einer Polyvinylalkoholfolie (PVA) mit einer Schichtdicke von 14 µm. Zum Ablösen der Filme wird diese nach dem Herstellungsprozess chemisch aufgelöst. Dieses Vorgehen ermöglicht anschließend ein freistehendes Tempern.

Die Legierungselemente liegen in Form eines aus Metall-Puder heißgepressten Targets mit einer Zusammensetzung von $Ni_{52}Mn_{24}Ga_{24}$ (at.%) vor. Während des Sputtervorgangs wird dem Plasma eine Leistung im Bereich von

50 W bis 200 W zugeführt. Der Argon-Gasdruck in der Kammer beträgt 2,5 x 10^{-4} Pa bei einer stofflichen Reinheit von 99,9995% und einem Durchfluss von 230 mm^3s^{-1}. Über eine Wasserkühlung erfolgt die Temperaturregelung des Trägersubstrates auf 323 K während des gesamten Prozesses. Die Schichtdicke kann über die Sputterzeit eingestellt werden.

Nach dem Ablösen vom Trägersubstrat liegen die Filme in freistehender Form vor und können so ohne innere Spannungen nachbehandelt werden. Dazu werden sie zur Homogenisation in einer Vakuumkammer bei 2 x 10^{-4} Pa und 1073 K für 36 ks getempert und anschließend langsam abgekühlt. Dabei entsteht das für den Formgedächtniseffekt maßgebliche Materialgefüge inklusive der Superstruktur und die Vorzugsorientierung der Filme beim martensitisch-austenitischen Übergang. Anschließend erfolgt die Verifizierung der Dünnfilm-Zusammensetzung über das Messgerät Seiko SPS-1200A, für die vorliegenden Proben ist sie $Ni_{51.4}Mn_{28.3}Ga_{20.3}$ (200 W).

Während des Sputterprozesses kann das Plasma durch einen variablen Energieeintrag angeregt werden. Zwei typische Leistungszustände sind 50 W und 200 W. Dabei entstehen die in Tabelle 3-1 aufgeführten Dünnfilme, die unter anderem hinsichtlich ihres thermischen Verhaltens und ihrer Oberflächenstruktur Unterschiede aufweisen und mit Typ 1 (hergestellt mit 50 W) und Typ 2 (hergestellt mit 200 W) bezeichnet werden. Optisch auffällig ist die unterschiedlich große Körnung bei gleicher Vergrößerung im optischen Mikroskop sowie eine unterschiedliche Ätzdauer bei gleicher Filmdicke (für 10 µm Schichtdicke im Mittel 5:30 min. bei Typ 1 und 3:30 min. bei Typ 2). Für 50 W-Filme findet die Gefügeumwandlung von Martensit nach Austenit im Bereich zwischen 387 K und 397 K statt, gleichzeitig erreichen die kornartigen, einheitlichen und abgegrenzten Bereiche auf der Probenoberseite einen Durchmesser von bis zu 20 µm. Bei 200 W-Filmen hingegen beginnt die Umwandlung bereits bei 334 K und ist bei 352 K abgeschlossen. Die ermittelte Korngröße beträgt bis zu 10 µm. Ein weiterer wichtiger Unterschied ist die Einstellung der Curie-Temperatur in den Dünnfilmen. Sie kennzeichnet den Punkt, an dem das Material die ferromagnetischen Eigenschaften verliert und paramagnetisch wird. Durch das Sputtern bei 50 W kann die Legierung so eingestellt werden, dass dieser Punkt im Bereich der austenitisch-martensitischen Umwandlung liegt. Dies ist für den Aktoreinsatz von Vorteil, da so das Zusammenspiel der antagonitischen Kräfte von magnetischer Vorauslenkung und Rückstellung durch die Formgedächtniskraft optimiert wird. Für die Typ 2-Dünnfilme liegt die Curie-Temperatur bei 370 K und damit außerhalb der Gefügeumwandlung im Austenit. Auf Grund dieser ferromagnetischen Eigenschaft ist ein Auftreten des magneto-resistiven Effektes bis zur vollständigen Ausbildung des Austenits zu erwarten.

Beide Filmvarianten unterscheiden sich hinsichtlich ihres spezifischen Widerstandes, im Mittel beträgt bei Raumtemperatur der Widerstand einer typischen Doppelbiegebalken-Teststruktur vom Typ 1 1,7 Ohm, vom Typ 2 hingegen 1,2 Ohm. Dieser intrinsische elektrische Widerstand spielt bei der elektrischen Beheizung zur Einleitung der Phasenumwandlung eine tragende Rolle. Die dabei entstehende Wärme wiederum beeinflusst manche sensorischen Prinzipien zur Positionsbestimmung. So konkurriert im Fall der sensorischen Evaluierung von Ni-Mn-Ga der Magneto-Widerstandseffekt mit dem thermischen Widerstandsanstieg. Zur Reduktion des thermischen Einflusses sind für diesen Einsatzzweck Filme vom Typ 2 mit tieferen Umwandlungstemperaturen vorzuziehen.

Für beide Dünnfilm-Varianten stellt die Tabelle 3-1 charakteristische Temperaturpunkte wie Anfangs- und Endpunkte der Phasenumwandlung und die Curie-Temperatur dar. Die Ermittlung erfolgte in einer Klimakammer durch Messung der Temperatur und des elektrischen Widerstands einer Materialprobe [Koh03, Bru06, Aue08].

Tabelle 3-1: Grundlegende Temperaturparameter der untersuchten Legierungen

	M_s (K)	M_f (K)	A_s (K)	A_f (K)	T_C (K)
Typ 1 (50 W)	373	365	387	397	376
Typ 2 (200 W)	344	325	334	352	370

3.2 Strukturierung der metallischen Dünnfilme

In der Mikrostrukturtechnik stehen zur Formgebung eine Reihe von Verfahren zur Verfügung. Unter anderem eignen sich die Laserablation [Gru08], das Erodieren mittels Draht und der Materialabtrag durch einen gerichteten Ionen-Strahl zur Mikro-2D-Formgebung. Diese Verfahren weisen jedoch einen starken thermischen Einfluss auf das Materialgefüge auf. Für die fragilen und temperaturempfindlichen Dünnfilme aus Ni-Mn-Ga hat sich neben der Strukturierung im Argonplasma [Aue08] das nasschemische isotrope Ätzen als optimale Methode der Formgebung erwiesen [Bru06]. Bei der chemischen Variante ist das Verhältnis von minimaler Strukturbreite und Schichtdicke der limitierende Faktor. Je dicker Letztere ist, desto stärker schwankt die erzielte Strukturtreue auf Grund von Unterätzungen. Durch Verbesserungen bei der Aufbringung der Dünnfilme auf ein Trägersubstrat kann hier Einfluss genommen werden. Allgemein hat sich herausgestellt, dass Ni-Mn-Ga-Strukturen mit einer Breite von 100 µm bei 10 µm dicken Filmen nur unter Verwendung einer speziellen Schutz-Maskierung unter dem strukturierten Photoresist herstellbar sind. Auf Grund der Vorteile, wie hohe Prozessgeschwindigkeit und der einfachen parallelen Strukturierung, soll im Folgenden das nasschemische Ätzen als Herstellungsprozess mit den in dieser Arbeit erzielten Verbesserungen vorgestellt werden.

3.2.1 Optische Lithographie zur Strukturierung

Der mehrstufige Strukturierungsprozess des Dünnfilms erfordert in Abhängigkeit von der gewünschten Strukturabmessung und materialabhängiger Probeneigenschaften unterschiedliche Handhabungsoperationen. Wegen der Fragilität der freistehenden Dünnfilme hat es sich als günstig erwiesen, diese auf ein inertes Trägersubstrat aus Al_2O_3-Keramik mit den Abmessungen von 20 mm x 20 mm x 525 µm aufzubringen. Dabei kommt der Photoresist AZ 4533 der Firma Microchemicals als temporärer Haftvermittler zum Einsatz, der unter Temperatureinfluss aushärtet und durch Aceton aufgelöst werden kann. Im Basis-Prozess wird der Resist per Pipette mittig auf das Substrat aufgebracht. Nach dem Auflegen, dem groben Ausrichten des Dünnfilms und dem vorsichtigen Anpressen wird überschüssiger Resist an den Rändern der Probe aufgenommen. Dabei muss die ursprüngliche Filmausrichtung berücksichtigt werden, um die Entstehung zusätzlicher intrinsischer Spannungen im Material zu minimieren. Die endgültige Fixierung und ein Abbau eventueller Spannungen erfolgt durch eine Wärmebehandlung mit 363 K für 5 Minuten. Die Rückseite der Probe ist auf diese Weise von den Umwelteinflüssen geschützt, die Bearbeitung findet ausgehend von der Probenoberfläche statt. Diese wird dazu mit einer

3-4 µm dicken Lage aus durch Spincoating aufgebrachtem Photoresist abgeschirmt. Die Auswahl des Resists erfolgt unter Berücksichtigung der Faktoren Schichtdicke, Haftung auf der Probe, chemische und mechanische Beständigkeit für nachfolgende Bearbeitungsschritte und dem vorliegenden Maskentypus. Im Fall der Doppelbiegebalken werden die gewünschten Strukturen über Folien- oder Chrommasken in einem UV-Lithographieschritt bei 405 nm in den Positiv-Photoresist AZ 4533 übertragen. Der anschließende Entwicklungsschritt öffnet die belichteten Bereiche für die weitere Bearbeitung, wobei die Stabilität der Schutzschicht durch eine weitere Wärmebehandlung bei 363 K für 5 Minuten erhöht wird. Flüssigkeitsreste können nach dem Spülen mit DI-Wasser durch einen weich dosierten Stickstoff-Gasstrom beseitigt werden.

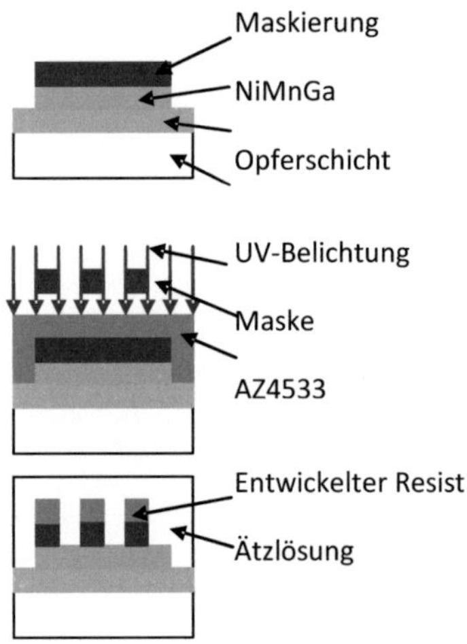

Abb. 3-4: Optischer Lithographie-Prozess auf Ni-Mn-Ga-Dünnfilmen

Mit dem oben beschriebenen Prozess sind jedoch einige Einschränkungen verbunden. Da die Dünnfilme oft eine wellige Struktur aufweisen und in der Folge nicht absolut eben auf dem Trägersubstrat aufliegen, muss der zur Haftvermittlung eingesetzte Photoresist die dabei entstehenden Hohlräume füllen. Kommt es bei der Befestigung jedoch zu Lufteinschlüssen an diesen Stellen, droht der Strukturverlust durch Unterätzen. Zusätzlich sinkt die Abbildungsgenauigkeit der optischen Lithographie, wenn die Maske unterschiedliche

Abstände zur Probenoberfläche aufweist. Zur Behebung dieser Probleme wurde das Verfahren an mehreren Stellen verbessert.

So wird der zur Haftvermittlung eingesetzte Photoresist ebenfalls per Spincoater in einer dünnen, homogenen Schicht auf dem Trägersubstrat verteilt. Die Haftwirkung kann durch das Aufbringen des Dünnfilms unter einem spezifizierten Anpressdruck verbessert werden, wodurch ein gleichmäßiges ebenes Anhaften auf dem Trägersubstrat sichergestellt ist. Dabei auftretende innere Spannungen reduzieren sich in der anschließenden Wärmebehandlung zum Aushärten des Photoresists. Ein zusätzlich eingeführter optischer Kontrollschritt ermittelt den Bedarf von entlang des Probenrandes aufzubringendem Resist. Dies dient zur Versiegelung von eventuellen Hohlräumen unter der Probe. An diese Vorbereitung schließt sich der optische Lithographie-Prozess an, der mit einer weiteren durch Spincoating aufgebrachten Photoresistschicht beginnt. Auch diese Schicht wird bei 363 K für 5 Minuten ausgehärtet. Die Lithographie verwendet UV-Licht mit einer Wellenlänge von 405 nm und wahlweise Chrom-Quarzmasken oder spezielle Folienmasken, deren schnelle Herstellung das effiziente Testen verschiedener Entwürfe erlaubt. Als Ergebnis einer Versuchsreihe, in Bezug auf die Kantenqualität der entwickelten Strukturen, benötigt der Resist AZ 4533 in Verbindung mit einer Chrom-Quarzmaske eine Belichtungsdosis von 200 bis 225 mJ.

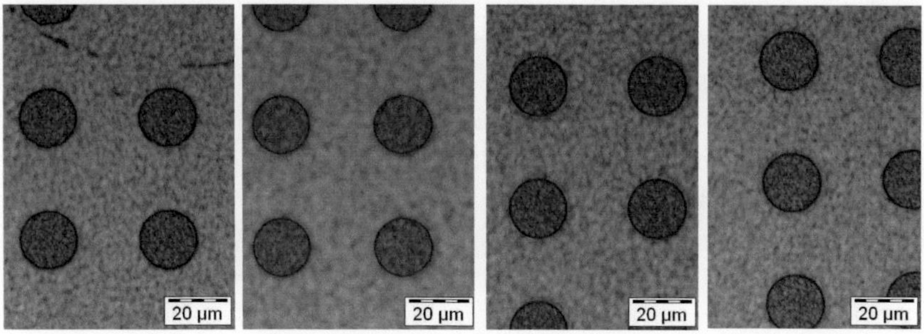

Abb. 3-5: Optische Analyse der Kantenqualität einer Resist-Teststruktur in Abhängigkeit von der Belichtungsdosis (von links: 150, 175, 200, 225 mJ)

Beim Einsatz von Folienmasken ist auf Grund deren höherer Absorption eine Dosiserhöhung um durchschnittlich 15 mJ vorzunehmen. Das Auflösen der belichteten Resistbereiche und die Stabilisierung der abgedeckten Strukturen erfolgt unter optischer Kontrolle in einer wässrigen Entwicklerlösung auf der Basis von AZ 400K für die Dauer von durchschnittlich 55 Sekunden. Nach dem Spülen mit DI-Wasser wird die Probe mit einem weich dosierten Stickstoff-Gasstrom getrocknet. Die so hergestellten Resiststrukturen sind die Repräsentation der gewünschten Aktorstrukturen und dienen als Schutzschicht während der Strukturierung im nachfolgenden nasschemischen Ätzprozess.

3.2.2 Nasschemische Mikrostrukturierung

Die Mikrostrukturierung erfolgt durch gezieltes Auflösen von freiliegenden Bereichen des metallischen Dünnfilms in einer HF-basierten Ätzlösung (siehe Abb. 3-6) [Liu03]. Dabei unterliegt die Ätzdauer starken Schwankungen, die auf den unterschiedlichen Wassergehalt der verwendeten Säuren zum Zeitpunkt der Prozessdurchführung und den variablen Probenzustand in Bezug auf Oxidation und Oberflächenbeschaffenheit zurückzuführen sind. Die Zusammensetzung der Ätzlösung zielt auf eine Ätzdauer von 5 Minuten ab, wobei tatsächliche, probenabhängige Abweichungen bis zu 30% keine Seltenheit sind. Der Vorgang des Materialabtrags läuft unauffällig ab, lediglich zu Beginn kann eine Änderung der metallisch-glänzenden Probenoberfläche hin zu einem dunkelmatten Erscheinungsbild festgestellt werden. Dabei ist die Verwendung von weißer Keramik als Trägersubstrat besonders hilfreich, da sie einen starken Kontrast zur Ni-Mn-Ga-Probe aufweist. Das Durchätzen der Probe kann so leichter bestimmt und der Abtragsprozess beendet werden.

Der isotrope nasschemische Ätzprozess von Formgedächtnis-Dünnfilmen eignet sich bei einer Materialdicke von ungefähr 1 bis 50 µm [Gru07]. Allerdings ist die Formtreue bei einer Dicke von 50 µm auf Grund von Unterätzungen stark eingeschränkt und variiert übermäßig stark in Abhängigkeit von der Ätzdauer. Das Prozessende bildet ein mehrstufiger Reinigungsschritt mit deionisiertem (DI) Wasser und das Trocknen der Probe mit einem weich dosiertem Stickstoff-Gasstrom. Der verbleibende Resist auf und unter dem Dünnfilm-Doppelbiegebalken wird nach dem Trocknen mit Aceton entfernt.

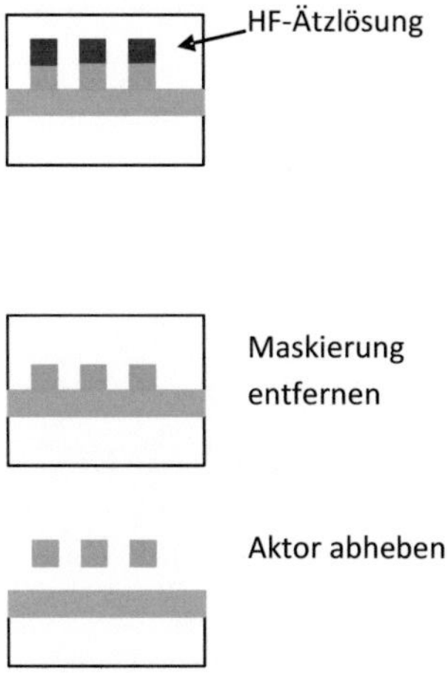

Abb. 3-6: Nasschemische Strukturierung von Ni-Mn-Ga-Dünnfilmen

Der Ätzprozess stößt bei Strukturabmessungen unter ca. 15 µm an Grenzen bezüglich der Abbildungspräzision und Schutzwirkung des Resists. Im Rahmen der Prozessoptimierung erfolgt die Untersuchung einer geeigneten Schutzschicht (siehe Abb. 3-7).

Abb. 3-7: Prozessoptimierung des Ätzvorgangs über die Untersuchung einer 100 nm dicken Maskierungsschicht. Abbildung einer Teststruktur (links), durch Maskierung hergestellte Titan-Teststruktur auf Silizium (rechts)

Hierfür wird eine 100 nm dicke metallische Maskierungsschicht vor dem Strukturierungsprozess auf die Probe aufgedampft. Anschließend wird diese Schicht nach dem photolithographischen Prozess und selektiven Abtrag zuerst strukturiert und dient dann zum Schutz der eigentlichen Probe im herkömmlichen Ätzbad. Eine Variation der Schichtdicke bis in den Bereich von 400 nm führte zu keiner weiteren Verbesserung der Strukturtreue.

3.3 Aufbau- und Verbindungstechnik

Die Dünnfilmaktoren in Form eines Doppelbiegebalkens sind das Kernstück eines mikrooptischen Ablenksystems, das die ferromagnetische Vorauslenkung und den thermo-elektrisch induzierten Formgedächtniseffekt von Ni-Mn-Ga zur Spiegelbewegung verwendet. Die einzeln vorliegenden Aktoren werden in einem ersten Schritt einer optischen Überprüfung unterzogen. Neben eventuellen Schäden soll dabei die Vorzugsrichtung für den Einsatz als Biegebalken ermittelt werden. Entsprechend ausgerichtet beginnt die Herstellung des Aktorsystems mit der elektrischen Kontaktierung der Doppelbiegebalken an den dafür vorgesehenen rechteckigen Pads mit einer Nickelstruktur. Hierfür wird eine elektrische Spaltschweißanlage UB 25 der Firma Unitek verwendet. Die streifenförmige Nickelstruktur dient als Anschluss für elektrische Leitungen, die durch Löten angeschlossen werden. Für mechanische Stabilität während des Montagevorgangs sorgt ein temporärer Verbindungssteg in Querrichtung zwischen den zwei Kontaktpads des Aktors, der nach Spaltschweißen, Löten und Aufkleben auf ein Trägersubstrat durchtrennt wird. Auf diese Weise ist sichergestellt, dass der Stromfluss den vorgesehenen Weg durch den Aktor nimmt. Zur Verbesserung der optischen Leistung kann auf der Aktorspitze noch ein Siliziumspiegel aufgeklebt werden.

Die vereinzelt vorliegenden Aktoren erfordern das beschriebene Herstellungsverfahren, wobei sie auf Grund der geringen Materialstärke und der Sprödigkeit mit besonderer Sorgfalt behandelt werden müssen. Ursprünglich erfolgte die Herstellung der Verbindungsstrukturen durch Erosion aus 50 µm dicken Nickel-Filmen. Dabei kam eine spezielle Geometrie mit insgesamt vier Kontaktpads und zwei temporären Verbindungsstegen zum Einsatz [Bru06]. Der Herstellungsprozess begünstigt bei dieser Geometrie das Auftreten von verformten Teilen. Trotz erneuter Ausrichtung kurz vor Kontaktierung besteht auf Grund der elastischen Eigenschaften von Nickel immer die Gefahr, dass Spannungen in die Ni-Mn-Ga-Doppelbiegebalken eingebracht werden und das Aktorverhalten beeinflussen. Zudem stellt sich die konsequente Herstellung von Aktoren auf einem Grundsubstrat als Hindernis für integrierte Systeme dar, bei denen in unmittelbarer Aktornähe Sensoren platziert werden sollen.

Im Rahmen dieser Arbeit wurde deshalb der Integrationsprozess geändert. Zwei 1,1 mm breite Nickelstreifen ersetzen die Verbindungsstruktur zur elektrischen Kontaktierung. Ihre Länge kann dabei flexibel an die Erfordernisse der umgebenden Systemstruktur angepasst werden. Die Formgebung erfolgt über einen Schneidprozess in einer Abkantvorrichtung. Dabei bleibt die ebene Ausrichtung der zu verarbeitenden Bleche auch bei den entstehenden Streifen erhalten. Zur Erhöhung der Stabilität fixiert direkt nach dem Spaltschweißen selektiv unter UV-Licht aushärtender Klebstoff die Kontaktpads des Aktors und die Nickelstreifen auf einer mit entsprechenden Abmessungen zugeschnittenen Polyimidfolie. Deren Dicke richtet sich nach dem geplanten Einsatz des Aktors und beträgt zwischen 8 und 50 µm. Bereits zu diesem Zeitpunkt kann der Verbindungssteg zwischen den Kontaktpads des Aktors getrennt werden, da mechanische Einflüsse von dem Polymer aufgefangen werden.

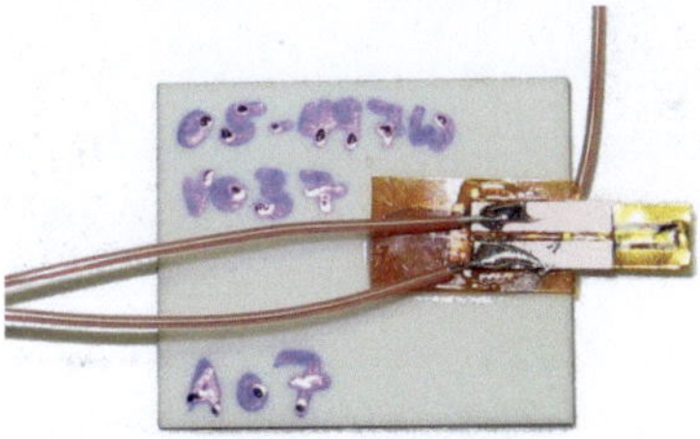

Abb. 3-8: Elektrisch kontaktierter Ni-Mn-Ga-Aktor auf 8 µm Polyimid-Folie und Keramik-Trägersubstrat

Das Anbringen von Drähten an den Enden der Nickelstreifen vervollständigt den ersten Aufbauschritt. Die so entstandene Struktur erleichtert die Handhabung des fragilen Aktors und ist elektrisch eindeutig definiert. Je nach Ziel kommt sie zur thermischen, magnetischen oder elektrischen Charakterisierung der Legierung Ni-Mn-Ga oder in Test-Strukturen zur Evaluierung der Positionsermittlung zum Einsatz.

3.4 Charakterisierung von Ni-Mn-Ga Dünnfilmen

Die beabsichtigte Verwendung der Legierung Ni-Mn-Ga als Aktor- und Sensormaterial erfordert anfangs die grundlegende Charakterisierung typischer Materialeigenschaften. Neben den mechanischen Parametern sind die elektrischen Eigenschaften des Materials auf Grund der Widerstandsheizung und einer möglichen sensorischen Verwendung von besonderem Interesse. Daneben spielt das thermische Verhalten beim Formgedächtniseffekt eine große Rolle und beeinflusst die elektrischen und die ferromagnetischen Materialeigenschaften.

3.4.1 Elektrische Eigenschaften

Zur präzisen elektrischen Widerstandsbestimmung der Legierung stehen mehrere Wege auf der Basis der Evaluierung von Strom und Spannung offen. Der dabei verwendete Messstrom beträgt typischerweise zwischen 10 und 100 mA. Die elektrische Kontaktierung der Legierung erfolgt durch das Aufbringen von Nickelstreifen mit einer an den Aufbau angepassten Länge, einer Breite von 1,1 mm und einer Dicke von 50 µm per Spaltschweißen, über die die Verbindung zu Messleitungen per Löten hergestellt wird.

Der einfachste Ansatz einer direkten Verbindung des Messgeräts mit zwei Punkten der Probe ist in Abhängigkeit von den Anforderungen der Versuchsziele durch die erreichbare Genauigkeit limitiert. Dabei werden prinzipbedingt durch die Verwendung der beiden Kontakte zur Strom- und Spannungsmessung die Zuleitungs- und Kontaktwiderstände mit aufgenommen.

Bei geeigneter Probengeometrie und -größe zur Kontaktierung an vier Punkten mit definiertem Abstand kommt die sogenannte 4-Punkt-Messung zum Einsatz. Mit den zur Verfügung stehenden Multimetern vom Typ HP 34401A sind auf diese Weise Messungen bis in den Bereich von 0,5 mOhm bei einer maximalen Abweichung von 0,2 mOhm möglich. Bei diesem Messverfahren wird der Messstrom über zwei Kontakte durch die Probe geführt, während die Spannung an zwei separaten Kontakten abgegriffen und über ein im Multimeter integriertes Voltmeter mit hoher Eingangsimpedanz ausgewertet wird. Auf diese Weise wird der Einfluss von Zuleitungs- und Kontaktwiderständen auf das Messergebnis vermieden. Dieses Verfahren kommt bei der in den folgenden Kapiteln beschriebenen thermo-elektrischen Untersuchung von Ni-Mn-Ga zum Einsatz.

Bei der Auswertung der magnetfeldinduzierten Widerstandsänderung hat sich herausgestellt, dass die Auflösung der Brückenschaltung eines einzelnen Multimeters den physikalischen Effekt nicht ausreichend genau abbildet. Speziell bei der Probengeometrie des Doppelbiegebalkens und bei Magnetfeldern bis zur Größenordnung von 0,4 T, die durch Fe-Nd-B-Permanentmagnete mit einer Abmessung von 5 mm x 5 mm x 5 mm erzeugt werden, war diese Genauigkeit nicht zufriedenstellend. Eine Analyse der Multimeter hat ergeben, dass bei der getrennten Evaluierung von Strom und Spannung durch die in den einzelnen Geräten vorhandene automatische Messbereichsumschaltung Messungen mit erheblich höherer Präzision durchgeführt werden können. Diese Funktion steht bei der integrierten Brückenschaltung nicht zur Verfügung. Ausgehend von dieser Erkenntnis wurde im Rahmen dieser Arbeit ein Messaufbau entwickelt, der die getrennte Auswertung von Strom und Spannung in individuellen Multimetern durch eine Datenerfassung über den GBIP-Gerätebus und die automatische Auswertung der Messwerte über ein Labview-Programm auf einem Laborrechner ermöglicht. Der dazu benötigte Messstrom wird von einem stabilisierten Labornetzteil bereitgestellt und der elektrische Anschluss der Probe entspricht der getrennten Kontaktierung für Messstrom und Spannung. Mit diesem Ansatz konnte eine Verbesserung der Messauflösung um zwei Größenordnungen erzielt werden.

Vor der eigentlichen Versuchsdurchführung wird bei diesem Aufbau der Widerstand des Systems ohne eingebaute Probe gemessen. Die eigentlichen Messwerte mit Versuchsprobe werden anschließend anhand dieses Referenzwertes ausgewertet.

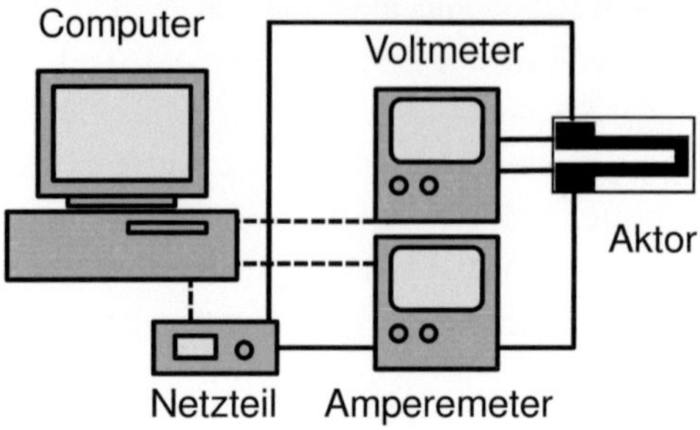

Abb. 3-9: Schematische Darstellung des verbesserten Messaufbaus mit einer von einem Laborrechner gesteuerten Datenauswertung über zwei Multimeter und ein stabilisiertes Labornetzteil

Über das Messprogramm fragt ein angeschlossener Mess-PC an jedem Datenpunkt einer Messung die ermittelten Werte der Multimeter ab und verrechnet diese in Hinblick auf ermitteltem Widerstand und angelegter Leistung. Dank der flexiblen Programmgestaltung kann über zusätzliche Schnittstellen zu weiteren Messgeräten gleichzeitig auch die Temperatur der Probe und ein eventuell anliegendes Magnetfeld per Hall-Sonde aufgezeichnet werden.

3.4.2 Dynamische Differenzenkalorimetrie

Grundlegende Informationen über den Temperaturbereich der Gefügeumwandlung eines Werkstoffs stellt die dynamische Differenzenkalorimetrie (Differential Scanning Calorimetry, DSC) bereit. Dabei handelt es sich um eine Vergleichsmessung zweier Wärmeströme, von denen einer durch eine Kapsel mit dem kompakten, zu untersuchenden Material führt. Der Referenzstrom geht gleichzeitig durch eine leere Kapsel gleicher Dimension. Da bei der Gefügeumwandlung Energie in Form von Wärmeströmen mit der Umgebung ausgetauscht wird, findet sich in diesem Temperaturbereich eine deutliche Abweichung zwischen beiden Kapseln. Diese Differenz ist das Ergebnis der Messung und wird als Wärmefluss in mW/mg über den Temperaturbereich angegeben. Die Darstellung erfolgt als positiv definierte Wärmeaufnahme während des Aufheizvorgangs und als negativ definierte Wärmeabgabe während des Abkühlvorgangs (siehe Abb. 3-10).

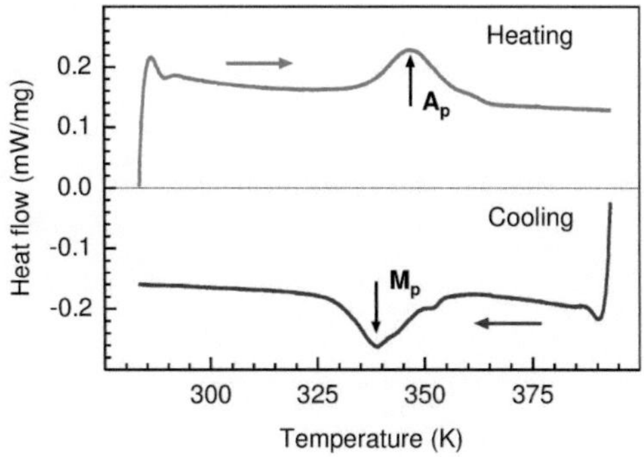

Abb. 3-10: DSC-Messung mit Ni-Mn-Ga Dünnfilmen vom Typ 2

Diese Bereiche sind für Formgedächtnislegierungen typischerweise nicht deckungsgleich, was auf die ausgeprägte Hysterese zurückzuführen ist. Anstelle der Eingangs erwähnten Anfangs- und Endtemperaturen des Phasenumwandlungsprozesses sind in der aktuellen Darstellung die Punkte mit der stärksten Abweichung des Wärmeflusses und damit der intensivsten Gitterumwandlung markiert.

Für polykristallines Ni-Mn-Ga vom Typ 2 sind zwei deutlich unterscheidbare Gefügezustände erkennbar. Bei Raumtemperatur befindet sich das Material im Martensit und weist eine tetragonale Struktur (10M) auf, die magnetischen Momente können allerdings unterschiedlich ausgerichtet sein. Durch Erwärmung der Probe ändert sich das Gefüge ab einer bestimmten materialabhängigen Temperatur innerhalb eines Bereiches von wenigen Kelvin nach Austenit und erhält eine kubisch-raumzentrierte Struktur.

Die an dieser Stelle aufgeführte Messung an Ni-Mn-Ga vom Typ 2 wurde mit Gerät DSC 204 Phoenix von der Firma Netzsch durchgeführt. Dabei wurde ein Temperaturgradient von 10 K/min während des Abkühl- und Aufheizvorgangs an die Probe angelegt. Die Empfindlichkeit des Messsignals ist dabei 3 V/mW. Typischerweise beginnt eine Messung ausgehend vom austenitischen Zustand mit dem Abkühlen, wobei eineinhalb Zyklen durchlaufen werden. Eventuelle

Störungen durch im Material vorhandene Vorspannungen können so vermieden werden. Die Messungen zeigen einen Umwandlungsbereich, der deutlich über Raumtemperatur liegt und dessen maximale Ausprägung der martensitisch-austenitischen Transformation bei 347 K und für den gegenläufigen Verlauf bei 338 K liegt. Die Abweichungen der Temperaturpunkte im Vergleich zu resistiven Messungen hängen mit der Probenbehandlung im Rahmen der DSC-Messung zusammen, bei der das Material in einer Kapsel komprimiert wird. Dieser mechanische Einfluss kann die Phasenumwandlung behindern.

3.4.3 Mechanische Eigenschaften

Der Elastizitätsmodul beschreibt als grundlegender mechanischer Parameter das elastische Verformungsverhalten eines Materials durch den Zusammenhang von Spannung σ und Dehnung ε. Er korreliert mit dem vorliegenden Gefügezustand und ist damit bei Formgedächtnislegierungen stark temperaturabhängig. Ein Ansatz zur Bestimmung ist die Verwendung eines Biegebalkens, der durch an der Spitze befestigte Gewichte vorausgelenkt wird [Bru06]. Dabei muss berücksichtigt werden, dass auch unter Lasteinfluss eine Phasenumwandlung im Material eingeleitet werden kann, weshalb eine sorgfältige Abstimmung nötig ist. Für verschiedene Gewichte und unterschiedliche Temperaturen ergibt sich so ein konsistenter Datensatz. Er bildet die Grundlage zur Ermittlung des Elastizitätsmoduls unter Verwendung des Widerstandsmoments gegen Biegung (bedingt durch die Probengeometrie eines Doppelbiegebalkens mit der Länge von 3 mm, einer Bahnbreite von 400 µm und einer Dicke von 10 µm) [Bei95]. Optimalerweise wird dieser Versuch in einem Kryostaten ausgeführt, wodurch die thermischen Randbedingungen präzise auf ±1 K definiert werden können. Anhand der in Abbildung 3-11 dargestellten Messergebnisse kann der Wert für den austenitischen Elastizitätsmodul E^A der Ni-Mn-Ga Probe zu 120 GPa abgeschätzt werden.

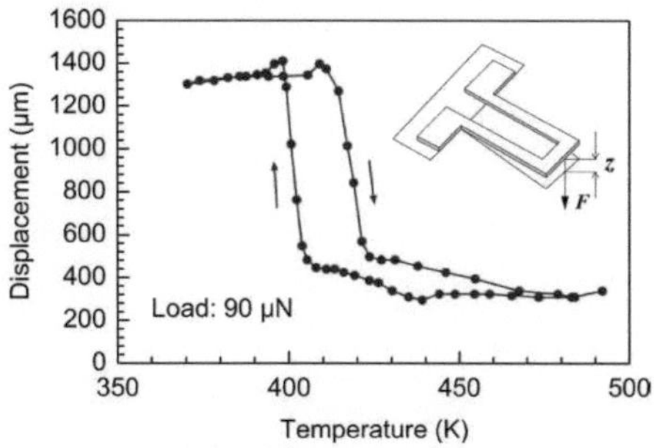

Abb. 3-11: Auslenkungs-Temperatur-Kennlinie zur Bestimmung des Elastizitätsmoduls von Ni-Mn-Ga-Dünnfilmen [Koh04a]

Die zugehörige Dehnung ε_A beträgt 0,4% und bleibt damit unterhalb der Dehngrenze von 0,8% [Koh03a]. Für die martensitische Phase konnte eine maximale Dehnung ε_M von 0,23% und ein für diese Dehnung effektiver Elastizitätsmodul E^M von 21 GPa bestimmt werden.

3.4.4 Thermo-Elektrische Eigenschaften

Eine Untersuchung hinsichtlich der thermo-elektrischen Eigenschaften von Ni-Mn-Ga erfolgt in einem Kryostaten unter Verwendung einer Probe in Form des Doppelbiegebalkens. Dabei ist ein zentrales Bauteil der Probenhalter in einer gekapselten Versuchskammer, der präzise auf die gewünschte Temperatur eingestellt werden kann. Die Kammer ist dabei bis auf einen Gasdruck von 2 x 10^{-3} bar evakuiert, wodurch ungewollte Wärmeströme zwischen Probe und Umgebung unterbunden werden. Das Ziel des Experimentes ist die Ermittlung des Zusammenhangs zwischen dem elektrischen Widerstand der Probe und den Phasenübergangstemperaturen der Aufheiz- und Abkühlphase. Die Verwendung einer strukturierten Probe anstelle von unbearbeitetem Aktormaterial erleichtert die Übertragbarkeit der erzielten Ergebnisse in Hinblick auf das angestrebte Aktorsystem. Die Darstellung 3-12 zeigt eine Messung mit Ni-Mn-Ga vom Typ 2.

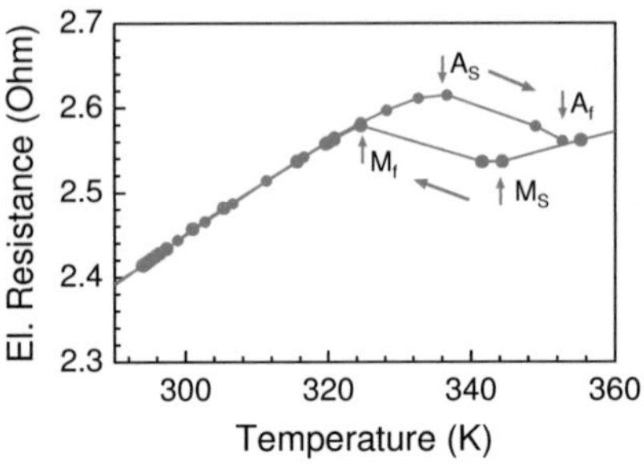

Abb. 3-12: Messung des thermo-elektrischen Verhaltens von Ni-Mn-Ga (Typ 2) zur Bestimmung der Start- und Endpunkte der Phasenumwandlung in einem evakuierten Kryostaten, die Beheizung der Probe erfolgt über den Probenhalter

Charakteristisch ist ein Anstieg des Widerstands in der martensitischen Phase, einhergehend mit der Temperatur bis zum Beginn der Gefügeumwandlung nach Austenit bei 334 K. Mit zunehmendem Austenit-Anteil im Legierungsgefüge kommt es zu einer starken Abnahme, die zusammen mit dem Umwandlungsprozess bei 352 K endet. Ab diesem Punkt setzt wieder die Zunahme entsprechend der Temperaturänderung ein. Beim Abkühlen, ausgehend vom Hochtemperaturzustand, ergibt sich ein äquivalenter Widerstandsverlauf mit deckungsgleichen Kurven für reine Gefügezustände. Bedingt durch die Hysterese des Materials kommt es zu einer Verschiebung der Umwandlungspunkte, bei der austenitisch-martensitischen Umwandlung setzt der Widerstandsanstieg bei 344 K verzögert ein und endet entsprechend bei 325 K.

3.4.5 Magneto-Resistive Eigenschaften

Die magnetische Vorauslenkung des Aktors erfolgt bei dem Mikroablenksystem mittels Permanentmagneten, die in verschiedenen Größen und mit verschiedenen maximalen Feldstärken vorliegen. Ändert der Aktor in diesem Feld seine Lage, findet auch eine Änderung des intrinsischen Widerstands der durch Sputtern im Magnetron hergestellten Legierung statt. Die Eignung dieses Magnetowiderstands-Effektes (Magnetoresistance, MR) zur Lagebestimmung wurde mit einem fest auf einem Substrat fixierten 10 µm dicken Biegebalken aus Ni-Mn-Ga (200W, Typ 2) bei verschiedenen Feldstärken (als Äquivalent für unterschiedliche Abstände über einem Permanentmagneten) in einem repräsentativen Experiment unter Verwendung eines Hochleistungselektromagneten untersucht. Es zeigte sich, dass für eine Feldstärke bis 0,5 Tesla die auftretenden Widerstandsänderungen von den zur Verfügung stehenden Messgeräten nicht genau genug aufgezeichnet werden konnten (siehe auch Kapitel 3.4.1). In diesem Bereich soll jedoch der geplante Aktor- und Sensoreinsatz mit Permanentmagneten erfolgen.

Zur Lösung dieses Problems wurde ein Labview-Programm erstellt, das mehrere vorhandene HP/Agilent-Multimeter zur Widerstandsmessung zusammenfasst. Dieses Programm ermöglicht simultan die getrennte Aufzeichnung der angelegten Spannung und des Stromes, wodurch sich auf Grund der jeweils zugehörigen Messbereichsumschaltung die zu untersuchenden Widerstandsänderungen erheblich genauer bestimmen lassen. Es bietet eine integrierte Mittelwertbildung und Aufzeichnung der Maximalwerte. Zusätzlich ist der Messaufbau so ausgelegt, dass mittels eines regelbaren, stabilisierten Netzteils verschiedene Leistungen vorgegeben werden können, womit eine spätere Ansteuerung des Aktors ermöglicht wird. Unter Einbeziehung eines Gaußmeters loggt das Programm die auftretenden Feldstärken automatisch mit. Durch den Vergleich der Ergebnisse mit unterschiedlicher Dünnfilm-Ausrichtung konnte festgestellt werden, dass eine Anordnung parallel zum Magnetfeldverlauf den ausgeprägtesten Effekt aufweist.

Durch die gleichzeitige Aufzeichnung der magnetischen Flussdichte zwischen den Polen und des intrinsischen Widerstands in der Legierung konnte ein Kurvenverlauf ermittelt werden, der eine minimale Hysterese aufweist (siehe Abb. 3-13 rechts). Die Abnahme des Widerstands bei zunehmender Flussdichte ist charakteristisch für den magneto-resistiven Effekt. Bei 0,68 Tesla beträgt seine maximale Ausprägung $\Delta\rho/\rho_0$=-0,26%, wobei $\Delta\rho$ die Differenz des elektrischen Widerstands unter Magnetfeldeinfluss $\rho(B)$ und bei Nullfeld ρ_0 darstellt. Umgerechnet ergibt sich für den Magnetowiderstandseffekt ein normierter Wert von -0,4%/Tesla, der beträchtlich höher ist als bisher erwähnte Werte bei Raumtemperatur [Lun02, Gol04].

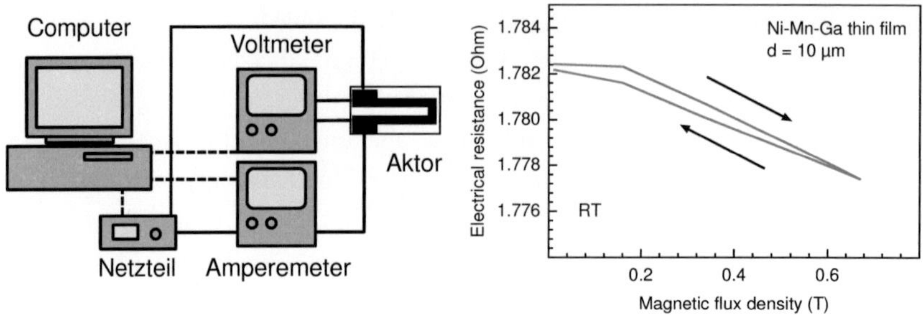

Abb. 3-13: Schema des verwendeten Messaufbaus und Auswertung des Magnetowiderstandseffekts bei einer Ni-Mn-Ga-Dünnfilmprobe (Typ 2)

Von besonderem Interesse für miniaturisierte Aktorsysteme ist der Bereich der Feldstärke bis ca. 0,5 Tesla. Messungen an unterschiedlichen Permanentmagneten haben maximale Feldstärken von 135 mT, 219 mT, 435 mT und 445 mT ergeben. Im letztgenannten Fall handelt es sich um einen kubischen Fe-Nd-B-Magneten mit der Kantenlänge 5 mm, der auf Grund von Abmessung und Feldstärke für die Verwendung in einem miniaturisiertem Ablenksystem prädestiniert ist.

3.4.6 Magneto-Thermische Eigenschaften

Auch die ferromagnetischen Eigenschaften der Legierung Ni-Mn-Ga unterliegen thermischen Einflüssen. So wurde bei der Herstellung durch den Prozessparameter Sputterleistung ein Bereich für die Curie-Temperatur T_c gewählt, der in der Nähe der Gefügeumwandlung liegt. Dies erleichtert den aktorischen Einsatz der ferromagnetischen Formgedächtnislegierung durch zwei klar getrennte Zustandsformen. In der Hochtemperaturphase ist der Aktor paramagnetisch und richtet sich gemäß seiner eingeprägten Form aus. Bei Raumtemperatur weist er einen geringeren Elastizitätsmodul (siehe Kapitel 3.4.3) und ferromagnetische Eigenschaften auf. Diese Phase eignet sich für die gezielte Verformung des Aktors in magnetischen Feldern. Auf diese Weise kann ein zuverlässiges und robustes Aktorsystem auf der Basis des Zwei-Wege-Effektes realisiert werden.

Für die sensorische Verwendung der Formgedächtnislegierung vom Typ 2 in diesem System ist die genaue Kenntnis der Temperaturabhängigkeit des MR-Effektes nötig. Deren Bestimmung erfolgte in einem Versuch mit einer für die Verwendung im Elektromagneten konstruierten Klimakammer. Bestehend aus einem rechteckigen Aluminium-Hohlprofil und einer darauf aufgebrachten äußeren Isolierung waren ihre Abmessungen so ausgelegt, dass sie zwischen den Polen des Elektromagneten befestigt werden kann. Die Beheizung erfolgte elektrisch über die Aluminiumwände. Sie erlaubt die Einstellung der gewünschten Materialtemperatur auf 1 K genau. Die Versuchsserie fand in einem Temperaturbereich zwischen 300 K und 390 K statt, wobei die Flussdichte des Magnetfeldes zwischen 0,004 und 0,680 Tesla variiert wurde. Mit Einsetzen der martensitisch-austenistischen Phasenumwandlung war ein starkes Absinken des elektrischen Widerstands feststellbar, wobei im Austenit für jede Feldstärke die selben Widerstandswerte erreicht wurden. Im Martensit hingegen verliefen die Kurven, ausgehend von einem einheitlichen Startpunkt bei 300 K, nicht deckungsgleich, wobei die Differenz mit ansteigender Temperatur größer wurde (siehe Abb. 3-14).

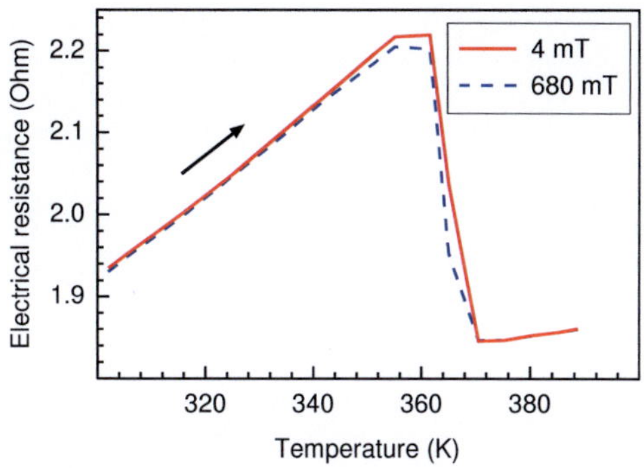

Abb. 3-14: Untersuchung des Einflusses der Materialtemperatur und der magnetischen Flussdichte auf den elektrischen Widerstand von Ni-Mn-Ga im Martensit und während der Phasenumwandlung (vgl. auch Abb. 315), Probenausrichtung parallel zum Magnetfeld

Die Abbildung zeigt die direkte Verknüpfung der Parameter elektrischer Widerstand, Materialtemperatur und magnetische Flussdichte. Für den geplanten aktorischen Betrieb resultiert die Materialtemperatur aus der elektrischen Heizleistung, die sich aus dem Widerstand und dem Strom ergibt. Die Bestimmung der Bewegungsrichtung eines Aktors im Magnetfeld muss auch das Zeitverhalten berücksichtigen. Dazu werden zusätzliche Informationen benötigt, die durch die Analyse der magneto-resistiven Widerstandsänderung gewonnen werden können. Die Auswertung des elektrischen Widerstands in Abhängigkeit von der Temperatur bei verschiedenen magnetischen Flussdichten führt zu einem Aktor-abhängigen grundlegenden Datensatz über den thermisch beeinflussten Magnetowiderstandseffekt. Eine weitere wichtige Information für die Positionsbestimmung ist der Flussdichteverlauf über dem Permanentmagneten im Aktorsystem. Die Kombination dieser Informationen erlaubt Aussagen über die Sensoreigenschaften der ferromagnetischen Formgedächtnislegierung Ni-Mn-Ga. Für 360 K und 0,68 Tesla erreicht der Magnetowiderstandseffekt einen Maximalwert von -0,77%, bevor er bei 370 K mit Abschluss der Phasentransformation verschwindet. Damit weist er eine Aufweitung des Sensor-Signals im Bereich der einsetzenden Aktorbewegung auf (siehe Abb. 3-15).

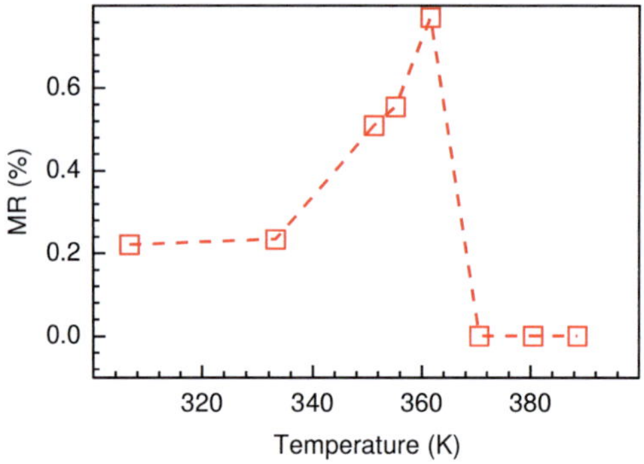

Abb. 3-15: Ermittlung des maximalen temperaturabhängigen Magnetowiderstands-effekts als Sensoreigenschaft von Ni-Mn-Ga (Typ 2) bei einer Flussdichte von 0,68 Tesla im martensitischen Bereich und während der Phasenumwandlung

3.5 Verwendung der Materialdaten in einem FEM-Modell

Die im Kapitel 3 beschriebenen Material- und Geometriedaten sollen als Eingangsparameter für ein gekoppeltes Simulationsmodell eingesetzt werden, das zur Optimierung des Aktordesigns dienen kann [Kre08]. Es verfolgt für die ferromagnetische Formgedächtnislegierung Ni-Mn-Ga den Ansatz der Beschreibung voneinander abhängiger Materialeigenschaften wie Dehnung, Spannung, Ferromagnetismus, elektrischer Widerstand und Wärmeverteilung unter Berücksichtigung des hysteretischen Materialverhaltens in einer sequentiellen mathematischen Prozessierung. Ausgangspunkt ist ein thermo-mechanisches Modell zur Beschreibung der Geometrieänderung. Die Ausbildung der martensitischen Phase unter uniaxialer oder Scher-Belastung begünstigt das Entstehen von kristallographisch bevorzugten Varianten mit dem Resultat einer signifikanten Dehnung gemäß der Variantenausrichtung. Die Beschreibung des Zusammenhangs zwischen Belastung, Temperatur und Kristallographie im Makro-Maßstab ist Bestandteil von grundlegenden Materialmodellen, die meist eindimensional ausgeführt sind [Bri96]. Diese Modelle weisen eine mechanische und eine kinetische Beziehung zur Darstellung des Formgedächtnis-Effektes auf, die das Spannungs-Dehnungs- sowie das Transformationsverhalten beschreiben und gemäß grundlegender Arbeiten von Tanaka gekoppelt werden [Tan86]. Bei ausschließlicher Berücksichtigung der Transformations-Dehnung, die erheblich größer ist als die thermische Dehnung, ergibt sich folgende Darstellung für die Spannung σ [Bri93]:

$$\sigma = E(\xi)(\epsilon - \epsilon_L \xi_S) \tag{3-1}$$

Wesentliche Parameter sind dabei der martensitische Phasenanteil ξ samt zugehörigem Elastizitätsmodul E und die Dehnung ε. Die maximale verbleibende Dehnung wird mit ε_L und die gemischt angeordneten Martensit-Varianten mit ξ_S bezeichnet. Außerdem gilt folgender Zusammenhang für den martensitischen und austenitischen Elastizitätsmodul sowie die jeweiligen Spannungen in Abhängigkeit vom Phasenanteil:

$$E(\xi) = \xi E_m + (1-\xi) E_a \quad \text{und} \tag{3-2}$$

$$\sigma = (1-\xi)\sigma_a + \xi\sigma_m \qquad (3\text{-}3)$$

Dieser Annahme liegt das sogenannte Voigt-Materialmodell zu Grunde, das die parallele Auswertung der Phasenanteile eines Modellelements verfolgt. Hierbei sind der Austenit- und Martensitbereich nebeneinander in Belastungsrichtung angeordnet.

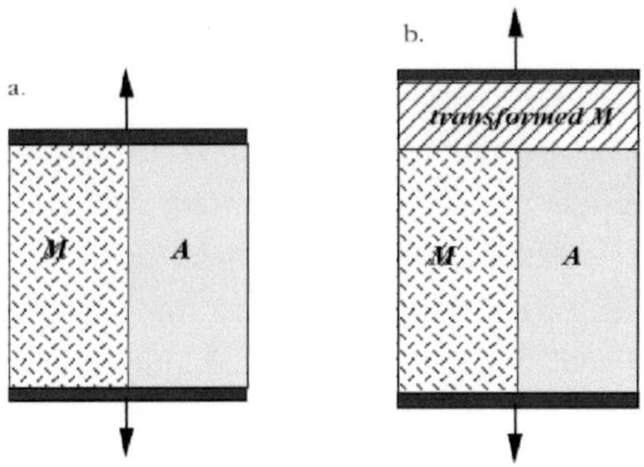

Abb. 3-16: Schematische Darstellung der Phasenanordnung im Voigt-Modell

Je nach Materialtemperatur reagiert einer der beiden Bereiche des Modellelements auf Belastung mit der gefügetypischen Dehnung oder es stellt sich ein phasenanteilabhängiger Zwischenwert ein. Mit diesem Ansatz lässt sich der Kurvenverlauf eines Spannungs-Dehnungsdiagramms präzise abbilden, allerdings setzt er auch eine aufwendigere Implementierung im Modell voraus. Darauf aufbauend werden die thermischen, elektrischen, magnetischen und mechanischen Eigenschaften in einzelnen Modulen eines gekoppelten Finiten-Elemente-Simulationsmodells (FEM) behandelt. Ein Koppelprogramm sorgt für den geordneten Datenaustausch und die Ablaufsteuerung. Zusätzlich übernimmt es die Berechnung von Materialeigenschaften und Randbedingungen. Für die Ermittlung der Auslenkung des durch das Magnetfeld beeinflussten Formgedächtnisaktors ergibt sich der in Abbildung 3-17 dargestellte Ablauf.

Zunächst muss die Geometrie des zu untersuchenden Aktors durch ein Gittermodell aus Knoten und Verbindungselemente beschrieben werden. Zwölf dieser Verbindungselemente und vier Knoten bilden dabei einen Quader, der das Grundelement bei der Vernetzung ist. Zur Beschreibung des Dünnfilm-Doppelbiegebalkens mit einer Länge von 3 mm, einer Breite von 1,2 mm und einer Dicke von 10 µm werden dabei bis zu 10000 Elemente benötigt. Da ein Permanentmagnet elementarer Bestandteil des Systems ist, muss auch dieser mit seiner Abmessung und seiner Position beschrieben werden. Aufbauend auf diesen geometrischen Daten kann in einem Modul die Ausdehnung und Stärke des Magnetfelds berechnet werden. Anschließend erfolgt die Ermittlung der Stromdichteverteilung im Aktor in einem eigenen Modul.

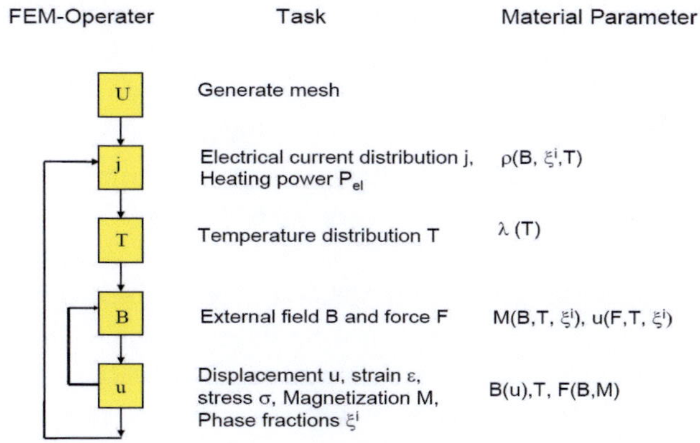

Abb. 3-17: Ablauf einer gekoppelten Finiten-Elemente-Berechnung

Das Koppelprogramm ermittelt aus der Stromdichte die elektrische Heizleistung und übergibt die Daten an das nächste FE-Modul. In diesem findet die Berechnung der Temperaturverteilung im Aktor statt. Die vorliegenden Daten von Temperatur und Magnetfeld zieht das Koppelprogramm heran, um die Magnetisierung M im Aktor und die magnetische Kraft F_{mag} zu ermitteln. Daraus kann ein letztes Modul die Auslenkung d des Aktors bestimmen.

In Abhängigkeit von der angelegten Kraft und der lokalen Materialtemperatur ergibt sich die Verteilung der verschiedenen Phasen Martensit oder Austenit im Material, die einen direkten Einfluss auf resultierende Spannungen, Dehnungen und damit auf die Auslenkung des Aktors hat. Da die neu berechneten Phasenanteile wiederum einen direkten Einfluss auf den lokalen Widerstand des Materials haben, muss der gesamte Prozess beginnend ab der Stromverteilung mehrmals als Iteration durchlaufen werden, bis die erzielten Ergebnisse konvergieren.

Es ist das Ziel, die ermittelten Materialparameter der polykristallinen Legierung Ni-Mn-Ga für die Erweiterung des Modells zur Ermittlung des magnetoresistiven Effekts zu verwenden [Kre08]. Dessen Eignung zur Positionsermittlung durch die Bestimmung des Einflusses des umgebenden Magnetfeldes auf den intrinsischen elektrischen Widerstand der Legierung soll auch an Hand einer Modellrechnung bewertet werden. Da der Effekt verglichen mit dem rein thermischen Widerstandseffekt relativ klein ausfällt, ist die Implementierung im Modell zur Effektmaximierung besonders wichtig.

Um damit die aktiven und sensorischen Eigenschaften von Ni-Mn-Ga in Zusammenhang mit dem Magnetowiderstandseffekt berechnen zu können, ist der in Abbildung 3-17 dargestellte Basissatz an Materialparametern nötig. Die im Verlauf dieses Kapitels beschriebenen Versuche dienen zur Vervollständigung dieser Datenbasis. Der Formgedächtniseffekt an sich ist als mechanisches Modell in einer sogenannten Solver-Methode implementiert. Über sie erfolgt die Bestimmung der Magnetisierung und der Formgedächtniskräfte, ausgehend von dem Temperaturprofil der abstrahierten mechanischen Struktur als Reaktion auf die elektrische Widerstandsheizung. Diese Parameter wiederum können zur Bestimmung der Aktorauslenkung im Gradientenfeld eines Permanentmagneten herangezogen werden [Kre05, Kre06]. Die Annäherung an den finalen Wert erfolgt dabei in mehreren Schritten. Die Ergänzung des Modells hinsichtlich des Magnetowiderstandseffektes basiert auf einer Temperatur- und Magnetfeld-abhängigen Beschreibung des elektrischen Widerstands.

Durch die Berücksichtigung der temperaturabhängig im Material vorliegenden Phasenanteile lässt sich dieses Modell für ein konstantes Magnetfeld über den gesamten Temperaturbereich des Aktors anwenden. Für verschiedene Magnetfelder und Materialtemperaturen ergeben sich so elektrische Widerstandswerte, die wiederum zur Berechnung des Magnetowiderstandseffektes dienen. Das Ergebnis für die vorliegenden Materialparameter ist in Abbildung 3-18 dargestellt. Die berechneten Werte zeichnen sich durch eine gute Approximation an den experimentellen Kurvenverlauf aus (vgl. Abb. 3-14).

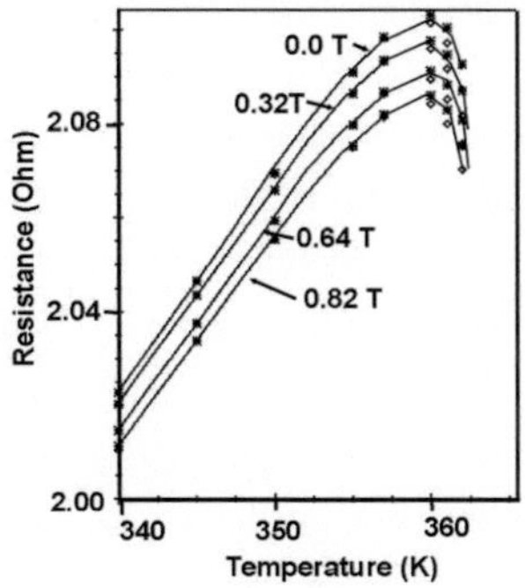

Abb. 3-18: Bestimmung von elektrischen Widerstandswerten in Abhängigkeit von der magnetischen Flussdichte und der Materialtemperatur durch das erweiterte Simulationsmodell [Kre08]

3.6 Zusammenfassung

In diesem Kapitel erfolgt eine ausführliche Darstellung der Legierung Ni-Mn-Ga als Aktor- und Sensormaterial. Bei der Beschreibung des Herstellungsprozesses wird auf den Einfluss der Sputterleistung auf den wesentlichen Materialparameter der Curie-Temperatur eingegangen sowie die Bedeutung des freistehenden Temperns in Bezug auf die aktorischen Eigenschaften. Der geplanten Verwendung zur Positionsermittlung kommt die bei 200 W gesputterte Ni-Mn-Ga-Variante mit Umwandlungstemperaturen im Bereich von 325 K bis 352 K und einer Curie-Temperatur von 370 K entgegen. Da das Material nach der Herstellung in Form von Dünnfilmen vorliegt, wird anschließend auf geeignete Prozesse zur Strukturierung von Biegebalkenaktoren und deren Integration zu Teststrukturen und Ablenksystemen eingegangen. Der Herstellungsprozess konnte an kritischen Stellen wie der Materialaufbringung auf ein Trägersubstrat verbessert werden. Die hergestellten Strukturen bilden die Grundlage für eine ausführliche Charakterisierung des Materials, die das Zusammenspiel von Temperatur, externen Magnetfeldern und innerem elektrischen Widerstand aufzeigt. Von besonderer Bedeutung war der Nachweis des magnetoresistiven Effektes, der bei Raumtemperatur eine normierte Ausprägung von

0,4%/Tesla besitzt. Die Evaluierung des Effektes in Abhängigkeit von einer variablen Flussdichte bis zur Größenordnung von 0,68 Tesla und Temperaturen bis zur Curie-Temperatur bilden die Grundlage für eine geplante Positionsbestimmung des Aktors in einem Mikro-Ablenksystem unter Verwendung eines Permanentmagneten. Die experimentellen Ergebnisse konnten durch ein Simulationsmodell auf Basis der Finiten-Elemente-Methode bestätigt werden, wodurch die Auslegung zukünftiger Systeme erleichtert wird.

4 Konzeption des Aktor-Sensor-Systems

4.1 Aktorsystem

Das Design der wesentlichen Komponenten des Aktorsystems wurde in Kapitel 3.1.1 in Form von Biegebalken-Aktoren aus Ni-Mn-Ga beschrieben. Im Hinblick auf deren Verwendung als Aktor und Sensor sind im vorangegangenen Kapitel Untersuchungen zur Charakterisierung durchgeführt worden, außerdem wurden sie auf den angestrebten Einsatzbereich und -ort optimiert [Kre05, Kre08]. Zusätzlich sollen in diesem Kapitel Bauteile wie Dehnmessstreifen zur sensorischen Verwendung in dieses Aktorsystem integriert und evaluiert werden. Neben Elementen und Technologien zur elektrischen Kontaktierung wird deshalb eine Haltestruktur benötigt, die den vorauslenkenden Permanentmagneten sowie gegebenenfalls Sensoren im Bereich des Aktors positioniert. Es handelt sich dabei um einen Sockel auf Polyvinylchlorid (PVC), bei dem eine Kante entsprechend der erwarteten Aktorauslenkung abgeschrägt und mit einer Nut für den Permanentmagneten versehen ist. Dessen Ausrichtung erfolgt dabei unterhalb des Aktors, um von der Seite und von oben freien optischen Zugang zur Aktorspitze zu gewährleisten.

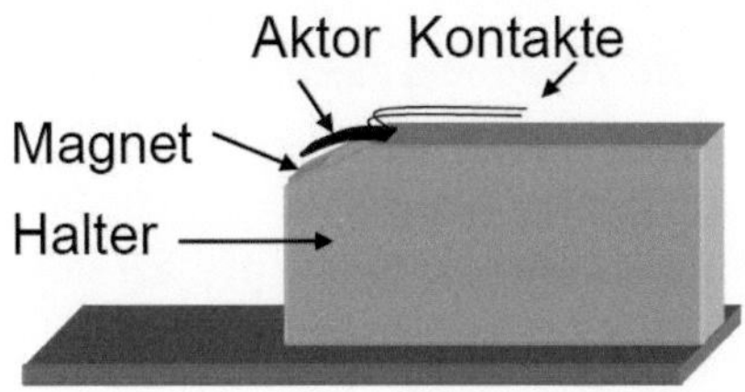

Abb. 4-1: Konzept eines unter dem Aktor in die Haltestruktur integrierten Magneten

Die Bestimmung von grundlegenden stationären Systemparametern erfolgte zuvor in einem Versuchsstand mit flexibler Magnet-Positionierung und optischer Auswertung. Anstelle einer ebenfalls möglichen Aufzeichnung eines über die Aktorspitze abgelenkten Laserstrahls kommt hierbei die direkte Aktorbeobachtung mit einem Videomikroskop zum Einsatz (siehe Abb. 4-2). Dieser Ansatz erlaubt eine präzise Bestimmung der eingenommenen Positionen, benötigt allerdings unbehinderten Zugang zum Aktorsystem. Auf Grund des geringen Abstands des mit einer starken Lichtquelle ausgestatteten Objektivs zum Objekt ist bei längerer Verwendung der zusätzliche Wärmeeintrag zu berücksichtigen. In dem Versuch wurde schrittweise die an den Aktor angelegte Heizleistung erhöht und die daraus resultierende Aktorposition sowie der intrinsische Widerstand ermittelt.

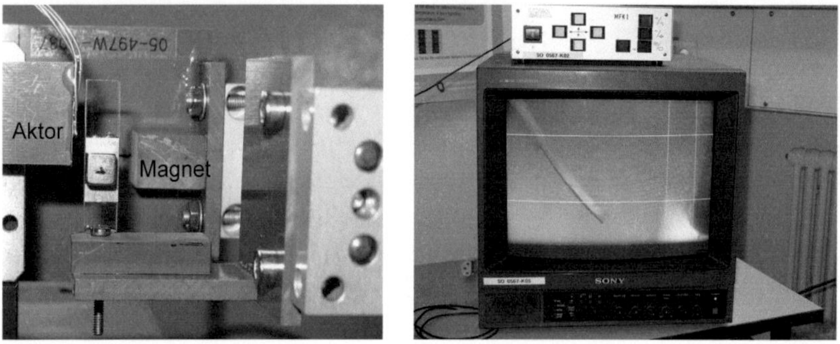

Abb. 4-2: Optische Ermittlung der Aktor-Auslenkung: Versuchsstand mit vertikalem Aktorhalter (links), optische Vermessung mittels Video-Mikroskop (rechts)

Die Messwerte und der Verlauf der elektrischen Widerstandsänderung erlauben Rückschlüsse auf den inneren Zustand der Legierung und somit auf das vorherrschende Gefüge. So ist die einsetzende Transformation von Martensit nach Austenit durch einen starken Abfall des bis dahin thermisch bedingt ansteigenden Widerstandes gekennzeichnet. Diese Umwandlung ist auch Grundlage für die Formgedächtniskraft, die konstruktionsbedingt gegen die auslenkende Magnetkraft gerichtet ist. Erst mit vollständig ausgebildetem Austenit setzt auf erheblich niedrigerem Niveau ein erneuter Widerstandsanstieg ein. Bei Verringerung des angelegten Stromes und der damit verbundenen Temperaturabnahme lässt sich eine äquivalente Entwicklung des Widerstands beobachten, wobei sich die Eintrittspunkte von Zu- und Abnahme unterscheiden und so eine Hysterese bilden. Zur sicheren Bestimmung des thermisch bedingten Materialzustands ist somit eine Überwachung des absoluten Widerstands wie auch dessen relative Entwicklung nötig. Dieses elektrische Verhalten ist temperaturabhängig und lässt nur bei unbehinderter Aktorbewegung Rückschlüsse auf eine Position zu.

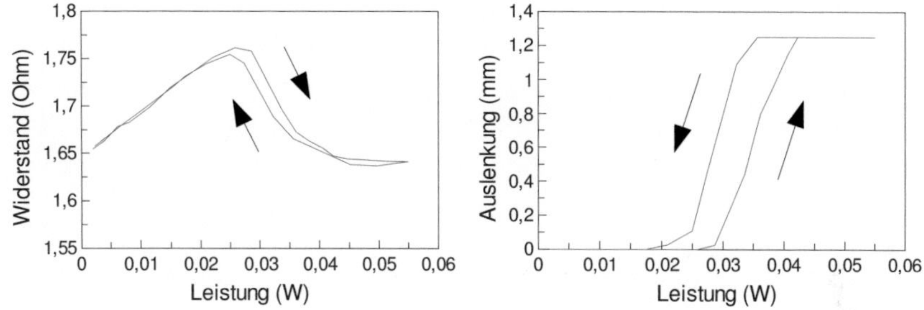

Abb. 4-3: Ermittlung des Zusammenhangs zwischen Heizleistung, Widerstand und Auslenkung für das in Abb. 4-2 vorgestellte Ablenksystem

Die Messungen in Abbildung 4-3 zeigen die innere und äußere Reaktion des vorgestellten Systems auf eine durch elektrische Beheizung induzierte Phasenumwandlung. Für das unbehinderte System ergibt dabei eine gute Übereinstimmung von elektrischer Widerstandsänderung und Einleitung der Aktorbewegung. Im Bereich der Hysterese reicht für dieses sensible System auch bei abnehmendem Widerstand eine geringe Erhöhung der Heizleistung, um eine neue Position anzusteuern. Diese Sensibilität wird auf Grund der fehlenden Kühlung durch Zwangskonvektion und dem daraus resultierenden thermischen Verhalten verstärkt und erhöht Anfälligkeit für Störungen. Für das Erreichen einer neuen Aktorposition ist, ausgehend vom Punkt der einsetzenden Bewegung, eine Erhöhung der Heizleistung von maximal 0,01 W ausreichend. Diese Variationsbreite gilt auch beim Abkühlen durch Drosselung des Heizstroms. Die maximale Auslenkung entspricht im beschriebenen Aufbau einem Aktorabstand von 1,2 mm in Bezug auf die Oberfläche des Permanentmagneten. Das stabile Einhalten der waagrechten Endposition wird durch das Überschreiten der Curie-Temperatur unterstützt, die für die bei 200 W gesputterten Ni-Mn-Ga-Dünnfilme bei 370 K liegt (siehe auch Kapitel 3.1.4), wodurch das Material paramagnetisch wird und lediglich die Formgedächtniskraft die Aktorausrichtung bewirkt.

Die typische maximale Auslenkung z_0 des in diesem Kapitel verwendeten Versuchsaufbaus zur Sensorevaluierung mit unmittelbarer Integration des Permanentmagneten im Polymer-Aktorträger wird durch das in Abbildung 4-1 vorgestellte Design auf 300 µm begrenzt, dabei entspricht die ebene Ausrichtung der Nulllage. Die geringere Auslenkung ist eine konstruktionsbedingte Einschränkung, die auf das Ziel der Vergleichbarkeit verschiedener Sensorprinzipien, speziell einer kapazitiven Auswertung unter Verwendung des Aktors als Elektrode, zurückzuführen ist. Aus diesem Grund ist auch die Darstellung der Auslenkung auf z_0 normiert (siehe Abb. 4-4).

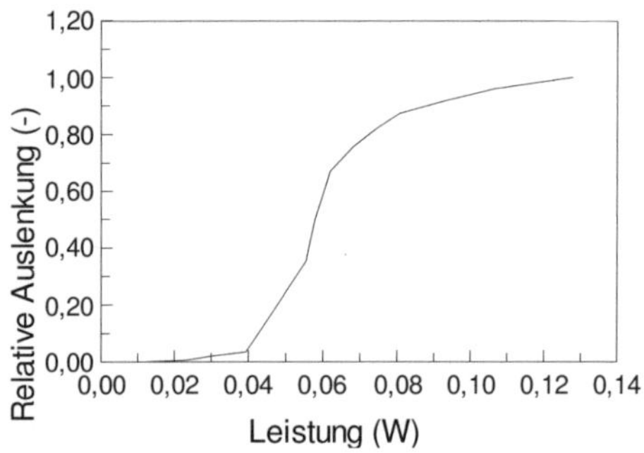

Abb. 4-4: Zusammenhang zwischen Heizleistung und Auslenkung für den in Abb. 4-1 dargestellten Aktor

Feststellbar ist ein im Verhältnis zur maximalen Heizleistung von 0,13 W frühes Einsetzen der Aktorbewegung im Bereich zwischen 0,025 und 0,04 W. Der gesamte Aktor und nicht nur die Aktorspitze unterliegen einem stärkeren Einfluss des Magnetfeldes und auch dem thermischen Einfluss des Permanentmagneten. Kennzeichnend ist der Bedarf nach einer höheren Heizleistung, um die Aktorbewegung abzuschließen.

4.2 Extrinsische Sensorsysteme

Eine Auswahl an geeigneten physikalischen Prinzipien zur Positionsermittlung bei einer Lageänderung von Mikrospiegeln wurde in Kapitel 2 vorgestellt. Auf Grund der Vielfalt und unterschiedlichen Integrationsmöglichkeiten soll sich die ausführliche Evaluierung im Rahmen einer Designstudie auf zwei Varianten konzentrieren. Diese repräsentieren die unterschiedlichen Konzepte einer unmittelbaren Integration am Doppelbiegebalken-Aktor sowie einer direkten Integration in das vorhandene System ohne zusätzliche Bauteile. Dabei handelt es sich um einen Dehnmessstreifen, der direkt auf den Aktor aufgebracht eine mit der Biegung verbundene Längenänderung aufnimmt und in eine elektrische Widerstandsänderung umsetzt. Das zweite Konzept bezieht sich auf eine kapazitive Auswertung der Aktorposition unter Verwendung des Aktors als bewegliche und des Permanentmagneten als feste Elektrode.

Eine weitere Möglichkeit stellt der piezoelektrische Effekt dar. Er setzt ein kristallines Material mit sehr geringer elektrischer Leitfähigkeit und Polarisierbarkeit voraus [Tab98]. Seine weite Verbreitung steht in Zusammenhang mit der guten Signalqualität, die sich mit diesem Effekt erzielen lässt. Zur Verwendung an einem Formgedächtnis-Ablenksystem müsste jedoch eine zusätzliche Schicht mit den geforderten Eigenschaften auf den Aktor aufgebracht werden. Der dazu benötigte Prozess birgt jedoch die Gefahr des Eintrags mechanischer Spannungen in das Aktormaterial mit negativen Einflüssen auf die Leistungsfähigkeit. Speziell bei besonders fragilen Dünnfilmen ist deshalb von einer Evaluierung als Sensoreffekt abzusehen.

4.3 Kapazitätsmessung mittels Referenzelektrode

Für den kapazitiven Sensor spricht die Integration in das System unter Verwendung des Biegeaktors, der als variable Elektrode den Messwert beeinflusst. Zusätzlich wird eine Gegenelektrode benötigt, für die sich der Permanentmagnet anbietet. Bedingt durch den Herstellungsprozess kann der Sensor modular an die Erfordernisse angepasst werden. Durch den direkten Einfluss von Elektrodenabmessung und -abstand auf das Signal ergeben sich geänderte Randbedingungen bei der Aktorauslenkung, die sich wiederum auf das Signal auswirken. Ein Vorteil gegenüber resistiven Sensoren ist der geringere Temperatureinfluss auf das Messsignal, der hauptsächlich auf das Verhalten des Dielektrikums zurückzuführen ist. Erfolgversprechend ist dieses Konzept unter der Voraussetzung, dass die Signale mit laborüblichen Messgeräten ausgelesen werden können.

4.3.1 Modellbildung

Die kapazitive Auswertung von Verschiebungen ist ein etabliertes Messverfahren in der Mikrosystemtechnik [Hor02]. Bei der Analyse von Biegungen senkrecht zur Dünnfilmlage stehen mehrere Integrationskonzepte für die Messelektroden zur Verfügung. So ist zum Beispiel die Implementierung nach Art eines Differentialkondensators möglich und verspricht eine hohe Messauflösung [Sch97]. Die unmittelbare Platzierung der möglichst großen Elektroden bei geringem Aktorabstand birgt allerdings die Gefahr einer starken Bewegungseinschränkung.
Ein weiterer Ansatz basiert auf einer Analyse des bestehenden Systems. Ausgehend von den essentiellen Systemkomponenten des Dünnfilmaktors und des vorauslenkenden Permanentmagneten sowie der Forderung nach einem hochkompakten Aktor-Sensor-System bietet sich deren Verwendung als Elektroden zur Positionsbestimmung an. Zur Maximierung der Elektrodenfläche ist eine Neuausrichtung des Permanentmagneten näher zum Aktor erforderlich, wodurch sich einige Randbedingungen ändern. Bisher war die Kante der Polfläche des um 45° geneigten Permanentmagneten zur Maximierung der Auslenkung der Aktorspitze positioniert. Ausgehend von den Ergebnissen in Kapitel 3.4.5 soll nun eine Anordnung des Aktors parallel zum Magnetfeldverlauf verwendet werden. Bei diesem Ansatz wird die Seitenfläche der Permanentmagneten geneigt unter dem Aktor angeordnet (siehe Abb. 4-5). So unterliegt der gesamte Aktor und nicht nur die Aktorspitze einem stärkeren Einfluss des Magnetfeldes, wodurch sich die erzielbaren Ablenkwinkel reduzieren. Zudem ändert sich die Dynamik der Aktorbewegung, da sich der Schwerpunkt der Arbeit leistenden Formänderung in der Nähe der Einspannstelle befindet. Bei unmittelbarem Kontakt zwischen Aktor und Magnet besteht außerdem die Gefahr eines Kurzschlusses, wodurch die elektrische Beheizung behindert wird.

Der Permanentmagnet stellt auch eine thermische Wärmesenke dar, deren Einfluss mit einer erhöhten Heizleistung kompensiert werden muss. Andererseits wird durch die thermische Robustheit des physikalischen Prinzips die Messgenauigkeit nicht wesentlich beeinflusst.

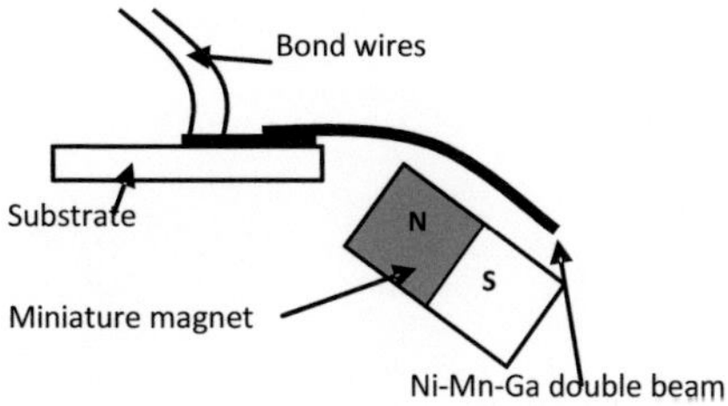

Abb. 4-5: Konzept der Verwendung des in den Halter integrierten Permanentmagneten zur kapazitive Positionsermittlung des Biegeaktors

Ausgehend von diesem Konzept soll eine mathematische Abschätzung des zu erwartenden kapazitiven Signals erfolgen. Für die Aktorverformung über dem Permanentmagneten wird dabei die gerade Biegung eines Balkens angenommen. Die Beschreibung erfolgt an Hand der Biegelinie, wobei die zunehmende Auslenkung w(x) gemäß der entsprechend nach unten ausgerichteten z-Achse positiv angetragen wird und an der Position der Aktorspitze l=3 mm in diesem Fall einen maximalen Wert von 300 µm erreicht. Die Ursache der Auslenkung liegt im Einfluss des Magneten auf das ferromagnetische Aktormaterial und wird durch die Kraft F dargestellt. Es gilt folgender mathematischer Zusammenhang [Mag90]:

$$w(x)=\frac{Fx^2}{2EI_y}(l-\frac{x}{3}) \quad \text{mit} \tag{4-1}$$

$$I_y=\frac{bh^3}{12} \tag{4-2}$$

Die Biegesteifigkeit des Aktormaterials setzt sich aus dem Elastizitätsmodul E des vorherrschenden Gefügezustands (siehe Kapitel 3.4.3) und dem Flächenträgheitsmoment gegen Biegung I_y eines rechteckigen Balkenquerschnitts mit der Breite b und Höhe h zusammen. Für den Doppelbiegebalken wird hierbei eine Ersatzbreite b mit 800 µm angenommen, die der summierten Breite der Teilbalken entspricht. Mit diesen Parametern lässt sich die Biegelinie für die angenommene maximale Auslenkung berechnen (siehe Abb. 4-6).

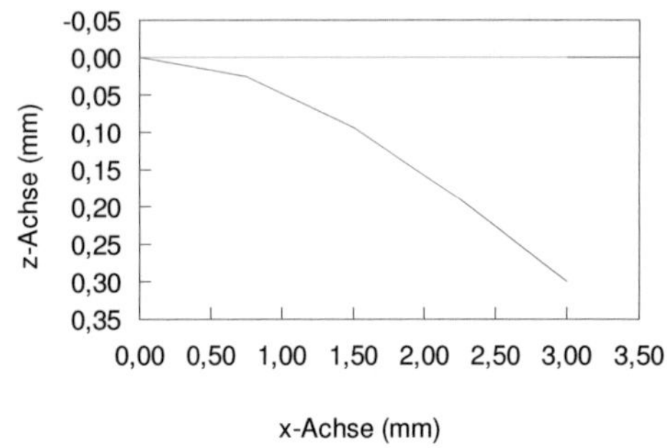

Abb. 4-6: Darstellung der maximalen Aktorauslenkung: waagrechte Position für austenitischen Zustand (oben) und berechnete Biegelinie für martensitischen Aktor (unten)

Ausgangspunkt für die kapazitive Positionsbestimmung des Aktors ist eine Formel für die Kapazität C zwischen einem entlang der z-Achse verformten Biegebalken der Länge l und einer waagrechten, parallel zur Einspannstelle des Balkens ausgerichteten Gegenelektrode mit der Breite b [Her05]:

$$C=\int_0^l \epsilon_0 \epsilon_r \frac{b}{d-w(x)} dx \tag{4-3}$$

Der ursprüngliche Elektrodenabstand wird dabei mit d bezeichnet, die zunehmende Verringerung wird gemäß der Biegelinie w(x) subtrahiert. Zur Berechnung der Kapazität werden zusätzlich die Permittivitätskonstante des Vakuums ε_0 und die dielektrische Leitfähigkeit ε_r benötigt. Der zweite Wert wird in der Größe von 1 angenommen und bezieht sich damit auf Luft oder leicht vernetzte Polymere, die als Isolator eingesetzt werden können. Das vorliegende Konzept setzt auf eine geneigte Elektrode zur Signalverbesserung bei möglichst ungehinderter Aktorbewegung, für die die dem Aktor zugewandte Oberfläche des Permanentmagneten vorgesehen ist. Deren mathematische Beschreibung muss ebenfalls in das Integral eingebracht werden. Damit erweitert sich die Formel 4-3 zu:

$$C=\int_0^l \epsilon_0\epsilon_r \frac{b}{x\tan 13°-\frac{Fx^2}{2EI_y}(l-\frac{x}{3})}dx \qquad (4\text{-}4)$$

Die Ermittlung der Stammfunktion des Integrals erfolgt mit der Computeralgebrasoftware „Mathematica“ zunächst in allgemeiner Form, bei der von der Laufvariable unabhängige Ausdrücke substituiert werden. Auf diese Weise lässt sich folgende Stammfunktion finden:

$$\int \frac{1}{a\cdot x-b\cdot x^2(c-d\cdot x)}dx = -\frac{1}{2a}\left[\frac{2\sqrt{b}c\arctan\left(\frac{\sqrt{b}(c-2d\cdot x)}{\sqrt{4ad-bc^2}}\right)}{\sqrt{4ad-bc^2}}+\log(a+b\cdot x(d\cdot x-c))-2\log(x)\right] \qquad (4\text{-}5)$$

Die Funktion beschreibt den Zusammenhang zwischen zunehmendem Verlauf der Elektroden und dem Elektrodenabstand. Für die Auswertung nach der Kapazität werden die substituierten Ausdrücke a, b, c und d mit folgenden Parametern wieder in die Formel eingesetzt.

$$a=\tan 13° \qquad (4\text{-}6)$$

$$b=\frac{F}{2EI_y} \qquad (4\text{-}7)$$

$$c=l \qquad (4\text{-}8)$$

$$d=\frac{1}{3} \qquad (4\text{-}9)$$

Zusätzlich müssen die Konstanten für die Permittivität und die Breite b der Kondensatorflächen berücksichtigt werden. Die berechnete Grundkapazität im nicht ausgelenkten Zustand beträgt 24,4 pF. Für verschiedene Auslenkungen w(l) des Biegebalken-Aktors ergibt sich folgender Zusammenhang mit der Kapazität C (siehe Abb. 4-7):

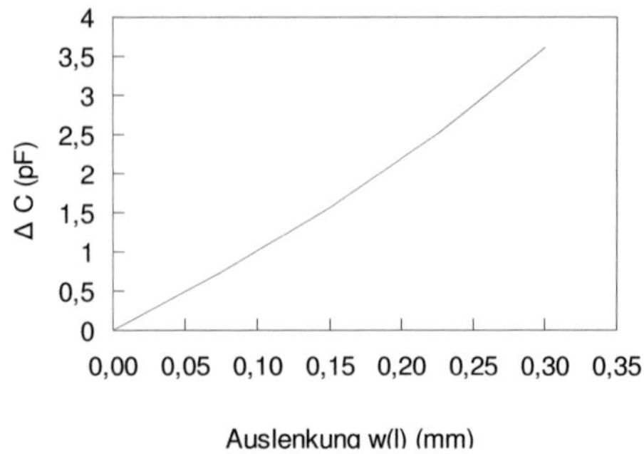

Abb. 4-7: Berechneter Zusammenhang zwischen der Kapazitätsänderung und der Auslenkung der Aktorspitze

Durch das Rechenmodell lassen sich auch Aussagen zur erwarteten Empfindlichkeit des kapazitiven Sensorprinzips treffen (siehe Abb. 4-8).

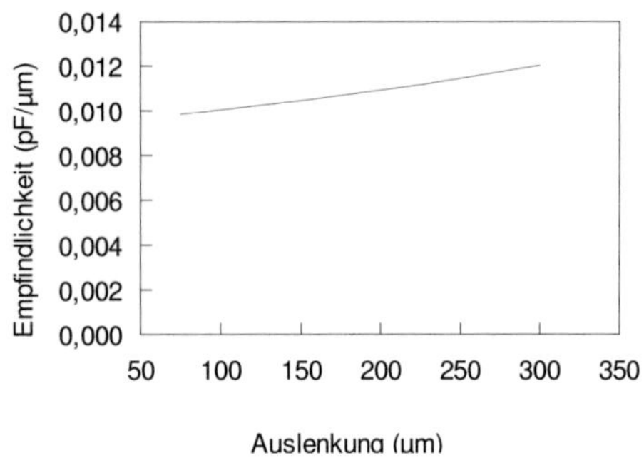

Abb. 4-8: Berechnete Empfindlichkeit des kapazitiven Sensors

In der Modellvorstellung wird von einer vereinfachten Geometrie mit einer Überdeckung der Elektroden ausgegangen, die in der Realität auf Grund von Fertigungstoleranzen in den einzelnen Schritten bei der Aktorfertigung schwer erzielbar ist. Für geringe Auslenkungen von 75 µm liegt die Empfindlichkeit des Sensors im Bereich von 0,0099 pF/µm. Sie steigt mit zunehmender Aktorverformung kontinuierlich auf einen maximalen Wert von 0,012 pF/µm bei 300 µm Auslenkung.

4.3.2 Aufbau

Das Sensorkonzept besitzt eine geneigte Gegenelektrode in der Größenordnung des Aktors. Sie ist dabei ausgehend von der Einspannstelle abwärts orientiert, wobei sich der Wert von 13° an einer Sekante zur Biegelinie des Ni-Mn-Ga-Aktors mit martensitischem Elastizitätsmodul und einer Länge von drei Millimetern orientiert. Die Geometrie des Aktors mit einer Breite von 2,6 mm an den Kontaktpads liefert einen Parameter für die Abmessung eines Trägers, der zudem aus elektrisch isolierendem Material bestehen soll. Die Wahl fiel auf 5 mm dicke Platten aus Polyvinylchlorid (PVC), die auf Elemente mit den Abmessungen von 40 mm x 20 mm zugeschnitten wurden und mit dieser Größe die Handhabung erleichtern. Auf ihre lange Schmalseite gestellt bilden sie die Grundlage für eine Haltestruktur, die an einer Kante eine gegenüber der waagrechten 5 mm breiten Oberseite im entsprechenden Winkel geneigte Fläche samt Aussparung für einen quaderförmigen Permanentmagneten aufweist (siehe Kapitel 2.2 und Abb. 4-9). Dieser wird mit Zwei-Komponentenkleber so eingefügt, dass er eben mit der geneigten Fläche abschließt. Der Fe-Nd-B-Magnet bildet auch die Grundlage für die Gegenelektrode, wobei die elektrische Kontaktierung über ein aufgelegtes Nickelplättchen mit angelötetem Leiter erfolgt. Zur Vermeidung von elektrischen Kurzschlüssen bei Kontakt mit dem Aktor dient eine Isolationsschicht aus Parylen N (auch Poly(p-xylylen)). Dieses Polymer eignet sich auf Grund seiner hohen elektrischen Durchschlagsfestigkeit von 5000-7000 V/mm und seiner mechanisch-thermisch stabilen, flexiblen, gut haftenden und dichten Schichten mit bis zu 500000 g/mol vorzüglich für den Einsatz im Bereich elektronischer Messtechnik [Rap09]. Im Falle einer Anwendung wurde eine Schicht mit 100 nm Dicke auf dem Aktor abgeschieden. Alternativ zu diesem Ansatz können auch Aktoren mit auf der Unterseite aufgebrachter, 8 µm dicker Polymerfolie zum Einsatz kommen, wie in Kapitel 3.3 dargestellt. Nach der Vorbereitung der Haltestruktur wird der Aktor mit Zwei-Komponentenklebstoff auf der Oberseite fixiert, wobei das aktorseitige Ende der Kontaktpads als Einspannstelle bündig mit der Kante der geneigten Fläche abschließt. Die Ausrichtung erfolgt dabei ausgehend vom Permanentmagneten, der den Biegebalken fixiert und über das Nickelplättchen planare Verschiebungen zulässt. Nach dem Aushärten des Klebstoffs stellt sich das Ablenksystem folgendermaßen dar (siehe Abb. 4-9):

Abb. 4-9: Aktorhalter mit integrierter Gegenelektrode zur kapazitiven Positionsbestimmung

Die gleichzeitige aktorische und sensorische Verwendung des Biegebalkens erfordert eine kapazitive Trennung von Heizstrom und Messspannung zur kapazitiven Auswertung. Dies geschieht über einen 100 nF-Kondensator, dessen Dimensionierung um Größenordnungen höher ausfällt als die des Sensorsystems und durch die Serienschaltung der Kondensatoren das Messergebnis nicht beeinflusst. Beim Aufbau und Einsatz des Aktor-Sensor-Systems muss berücksichtigt werden, dass die Zuleitungen zu den Elektroden ebenfalls als Kapazitäten agieren. Deren Fixierung verhindert variable Einflüsse, und die vor Versuchsdurchführung gemessene Grundkapazität ist entsprechend vom Messergebnis der Auslenkung abzuziehen.

4.3.3 Auswertung

Die von vier Seiten offen zugängliche Bauweise des Aktors ermöglicht einen Vergleich der erzielten Auslenkung über die Messwerte des Kondensators mit einer Referenzmethode, etwa eines von der Aktorspitze abgelenkten Laserstrahls oder die seitliche Beobachtung durch ein Mikroskop (siehe Abb. 4-10).

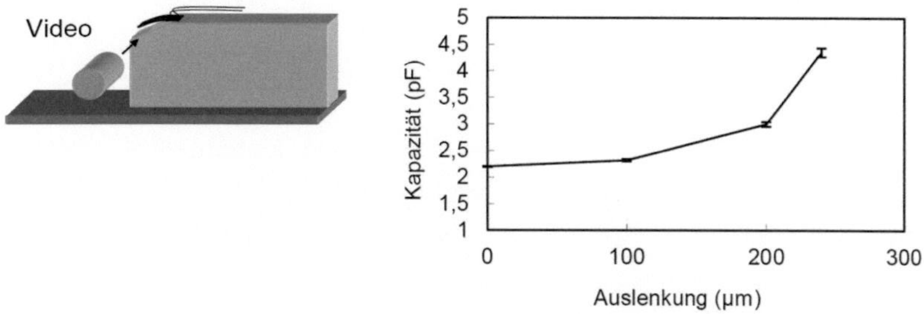

Abb. 4-10: Bestimmung der zugehörigen Kapazität nach optischer Ermittlung der Auslenkung

Für die nicht-ausgelenkte Normallage des Aktors ergibt sich als Startpunkt einer Messreihe eine Kapazität von 2,2 pF. Der nächste Messpunkt entspricht einer Auslenkung von 100 µm in Richtung der Gegenelektrode mit einem gemittelten Messwert von 2,32 pF und einer Standardabweichung von 0,02 pF. Die Position 200 µm ergibt einen Wert von 3 pF mit einer Standardabweichung von 0,04 pF. Der Endwert der Auslenkung mit auf der Elektrode aufliegendem Aktor ist 4,35 pF, mit einer Standardabweichung von 0,09 pF. Auffallend ist die Abweichung der Messpunkte von der berechneten Zunahme. Das Grundsignal bei nicht ausgelenktem Aktor ist um eine Größenordnung kleiner als das Berechnete, wohingegen die relative Zunahme der Kapazität im Modell und Test-System in der selben Größenordnung angenähert ist. Für geringe Auslenkungen des Test-Systems im Bereich von bis zu 100 µm ist die Ursache in einer erhöhten Biegesteifigkeit zu suchen. Diese kann auf eingebrachte Spannungen während der Integration des Aktorsystems oder lokale Abweichungen von den angenommenen Materialeigenschaften hindeuten.

Die Messreihe liefert ein konsistentes Bild über die Leistungsfähigkeit der kapazitiven Positionsermittlung. Die einzelnen Messpunkte ergeben reproduzierbare Werte mit geringen Standardabweichungen. Die Einbindung des Permanentmagneten als Träger für die Messelektrode trägt der Forderung nach einem kompakten Aktor-Sensor-System mit optimaler Ausnutzung der vorhandenen Resourcen Rechnung.

4.4 Dehnmessstreifen auf Biegeaktor

Das resistive Messverfahren in Gestalt eines Dehnmessstreifens ist im Bereich der Geometrieänderung flexibel einsetzbar [Tab98]. Die Anpassung an die Oberfläche und die zu erwartenden Verformungen gewährleisten eine gute Messauflösung, zudem eignen sich unterschiedliche elektrische Leiter als Sensormaterial. Deren Herstellung im Bereich von Mikroabmessungen über Schichtaufbau mittels Sputtern und Strukturierung über Photolithographie greift auf etablierte Prozesse der Mikrosystemtechnik zurück. Da im vorliegenden Fall ein elektro-thermischer Aktor vermessen werden soll, muss für eine günstige Sensorposition und eine ausreichende elektrische Isolation gesorgt werden. Ferner ist dieser Sensortyp anfällig für ein Driften der Messwerte während längerer statischer Messungen. Da sich metallische Schutzmasken als kompatibel zu den Fertigungsmethoden für Formgedächtnis-Dünnfilme erwiesen haben (siehe Kapitel 3.2.2), sollte eine unmittelbare Integration eines Dehnmessstreifens am Biegeaktor aus technologischer Sicht möglich sein. Die Skalierbarkeit über die Dimensionierung und Anzahl der Leiterwindungen verspricht eine gute Signalqualität, die die Auswertung erleichtert. Ein besonderes Augenmerk muss auf den thermischen Einfluss gelegt werden, den der Aktor auf den Sensor ausüben kann. Auch dieses Konzept soll einer Evaluierung unterzogen werden.

4.4.1 Modellbildung

Der Dehnmessstreifen setzt das in Kapitel 2.6.2 vorgestellte Konzept der resistiven Positionsermittlung in einem Sensor um. Es handelt sich dabei um einen elektrischen Leiter, der in eine Matrix mit elastischen Eigenschaften aus einem isolierenden Material eingebettet ist. Bei paralleler Orientierung zu einem eingekoppelten Krafteinfluss im elastischen Bereich kommt es zu einer Verringerung des Querschnitts durch Einschnürung bei gleichzeitiger Verlängerung.

Beide Effekte ergänzen sich zu einer elektrischen Widerstandsänderung des Leiters, die die elektrische Repräsentation der Belastung darstellt. Es handelt sich dabei um einen vielfältig einsetzbaren Sensor zur Analyse von mechanischen Einflüssen. Durch unterschiedliche Herstellungstechnologien kann dieses Prinzip sowohl im Makro- als auch im Mikrobereich eingesetzt werden.

Da das Ablenksystem das Prinzip eines Biegebalkens zur Strahlablenkung einsetzt, treten unmittelbar im Bereich der Aktoroberfläche Dehnungen auf, die durch einen Dehnmessstreifen ausgewertet werden können. Die unmittelbare Integration auf der Aktoroberfläche gewährleistet zudem die Herstellung eines kompakten Aktor-Sensor-Systems.

Das in Kapitel 4.3.1 vorgestellte Modell zur Beschreibung der Aktorauslenkung soll auch für die Abschätzung des Sensor-Signals eines auf der Aktoroberfläche aufgebrachten Dehnmessstreifens verwendet werden. Ausgangspunkt ist in diesem Fall die durch die Biegespannung auf der Oberseite des Aktors verursachte Dehnung ε. Der Abstand zur durch den Flächenmittelpunkt des Querschnitts verlaufenden neutralen Faser als Ort mit $\varepsilon=0$ beträgt dann $z_0=5\ \mu m$ [Mag90]. Die Laufvariable entlang der x-Achse folgt der Abmessung des Aktors von der Einspannstelle zur Spitze. Der lokale Wert der Dehnung auf der Aktoroberfläche kann in vereinfachter Form durch einen linearen Zusammenhang bestimmt werden:

$$\epsilon(x)=\frac{M(x)}{E I_y} z \qquad (4\text{-}10)$$

Im Zusammenhang mit der Evaluierung von Dehnmessstreifen ist nur der Wert an der Oberfläche des Biegebalkens interessant, weshalb z in diesem Fall mit $z_0=5\ \mu m$ gleichgesetzt werden kann. Für die Modellannahme einer Ersatzkraft auf der Aktorspitze ändert sich entlang der x-Achse das einwirkende Moment M(x), über das eine Verbindung zur bekannten Biegelinie hergestellt werden kann:

$$M(x)=-E I_y w''(x)=F(l-x) \qquad (4\text{-}11)$$

Die Dehnung und die daraus resultierende Längenänderung gilt dann:

$$\epsilon(x)=\frac{F(x-l)}{E I_y} z \quad \text{und} \qquad (4\text{-}12)$$

$$\Delta l(x) = \epsilon(x) l \qquad (4\text{-}13)$$

Folgender Zusammenhang ergibt sich für die maximal errechnete Dehnung auf der Aktor-Oberseite und der Auslenkung der Aktorspitze (siehe Abb. 4-11):

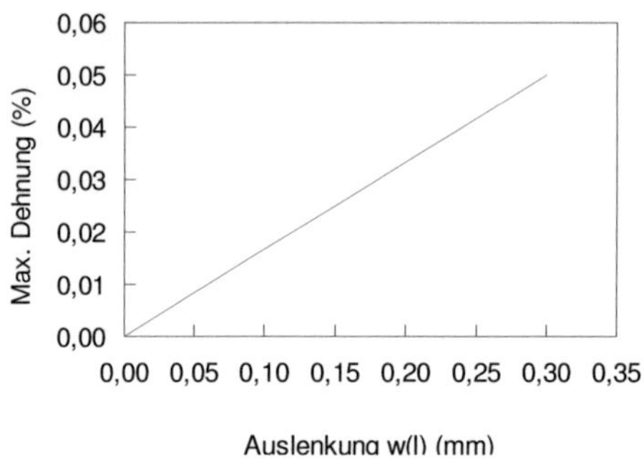

Abb. 4-11: Zusammenhang zwischen der maximalen Dehnung und der Aktorauslenkung

Über die Dehnung kann die Längenänderung auf der Oberfläche ermittelt werden, die ein dort aufgebrachter Dehnmessstreifen aufnehmen und in ein Signal umwandeln soll. Die Abschätzung erfolgt mit der in Kapitel 2.5.2 vorgestellten Formel zur Widerstandsänderung in Folge einer Geometrieänderung der Leiterbahn.

$$\Delta R = Rk \frac{\Delta l}{l} \qquad (4\text{-}14)$$

Berechnungen haben für eine Leiterbahn aus Gold mit einer Länge von 2,6 mm, einer Breite von 75 µm und einer Dicke von 25 nm einen absoluten Widerstand von 33,84 Ohm ergeben. Dabei wurde der spezifische Widerstand von Gold mit einer Größe von 22,14 x 10^{-3} Ohm mm²/m und der k-Faktor von 2 verwendet. Eine Längenänderung der Leiterbahn um 0,05% entspricht dann einer Widerstandsänderung von 0,034 Ohm je Bahn.

Die Breite einer Leiterbahn mit 75 µm stellt die untere geometrische Abmessung dar, die beim Rapid Prototyping mittels optischer Lithographie und Folienmasken hergestellt werden kann. Zugleich limitiert dieser Wert die Anzahl an Leiterbahnen, die auf einem 400 µm breiten Biegebalken, unter Berücksichtigung eines Sicherheitsbereichs an den Rändern für die vereinfachte Herstellung, aufgebracht werden können. Deshalb weist der Dehnmessstreifen eine mäanderförmige Struktur mit sechs 2,6 mm langen Leiterbahnen auf, von denen jeweils drei auf einem Balken des Doppelbiegebalkens liegen. Ein so aufgebauter Sensor hat einen berechneten Grundwiderstand von 203 Ohm und zeigt folgende Widerstandsänderung in Folge einer Auslenkung w(l) (siehe Abb. 4-12).

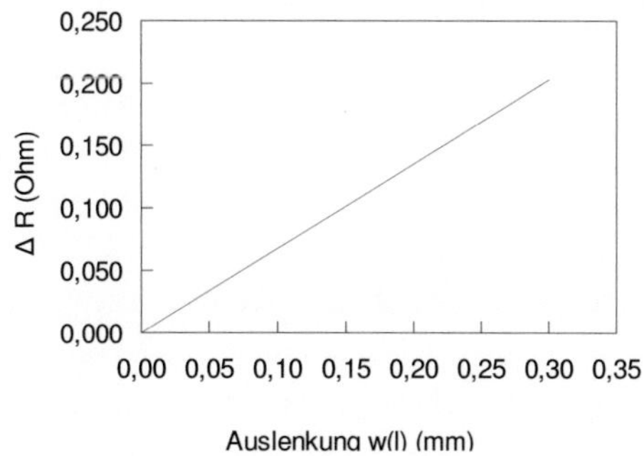

Abb. 4-12: Berechnete Widerstandsänderung eines Dehnmessstreifens in Abhängigkeit von der Auslenkung eines Doppelbiegebalkenaktors

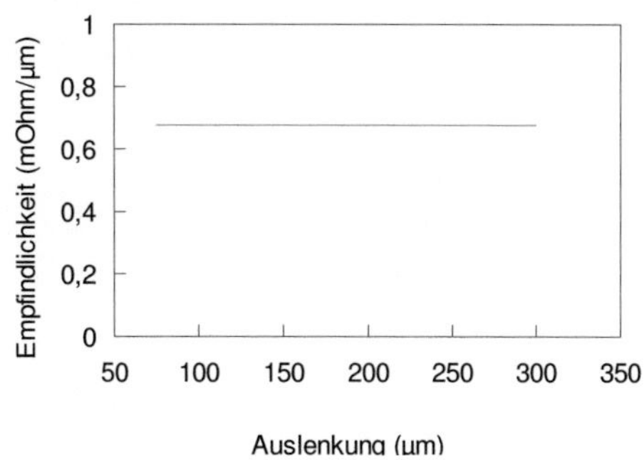

Abb. 4-13: Berechnete Empfindlichkeit des Dehnmessstreifens

Die größte Dehnung auf der Oberseite des Doppelbiegebalkens ist in der Nähe der Einspannstelle zu finden, die auch maßgeblich zur ermittelten Widerstandsänderung beiträgt. Dies spiegelt sich in dem linearen Verlauf der Signalkurve wieder (siehe Abb. 4-13). Ausgehend von diesen Daten kann die Empfindlichkeit des Sensors berechnet werden. Sie liegt gemäß dem oben dargestellten linearen Kurvenverlauf während der gesamten Auslenkung im Bereich von 0,68 mOhm/µm.

4.4.2 Aufbau

Bei der Integration eines Dehnmessstreifens in das Aktorsystem sind zwei Ansätze denkbar. Zum einen bietet sich die unmittelbare Erzeugung der Leiterbahnen auf dem Doppelbiegebalken-Aktor durch mikrosystemtechnische Prozesse, wie optische Lithographie und Sputtern von Metallschichten, an. Dieses Vorgehen wurde unter Verwendung einer Goldschicht von 60 nm Dicke untersucht. Die Alternative wäre die Herstellung von separaten Dehnmessstreifen im Mikroformat auf einem elastischen Trägermaterial und deren Integration in das Aktor-System. In diesem Fall kam auf Grund der zuvor gemachten Erfahrungen eine Goldschicht von 25 nm Dicke zum Einsatz. Durch die Verwendung von Polymeren zur Isolation ist in beiden Fällen sichergestellt, dass der Elastizitätsmodul des Sensors um Größenordnungen unter dem des Aktors liegt.

Beiden Varianten liegen die gleichen zentralen Schritte des Herstellungsprozesses der Sensoren zu Grunde. Der eigentliche Sensoraufbau erfolgte durch das Aufsputtern einer Goldschicht auf eine Unterlage aus elektrisch isolierendem Material, die anschließend mittels eines optischen Lithographieprozesses und dem nasschemischen Lösen der nicht abgedeckten Strukturen in Kaliumiodid mit der für Dehnmessstreifen typischen Mäanderform bei einer Bahnbreite von 75 µm strukturiert wurde. Die Abmessungen des Aktors definieren dabei die maximal zur Verfügung stehende Fläche zur sensorischen Verwendung. Ausgehend von dieser Randbedingung wurde eine Lithographie-Maske erstellt, die Leiterbahnen in den Bereichen mit ausgeprägter Verformung bereitstellt. Die Abmessungen führen zu drei Leiterbahnen je Biegebalken (siehe Abb. 4-14).

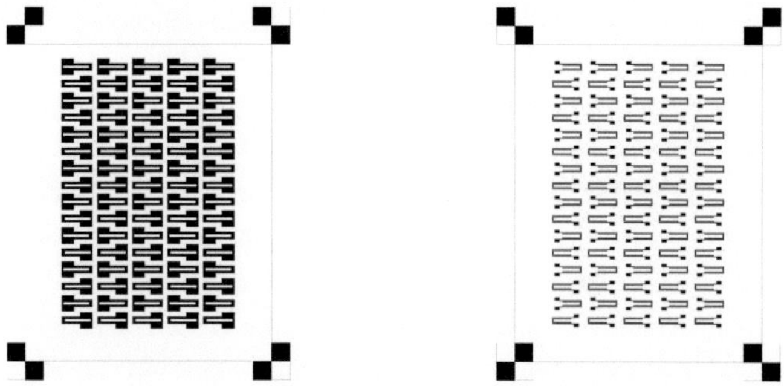

Abb. 4-14: Lithographie-Maske zur Herstellung von Biegebalken (links) und entsprechend ausgerichteten Leiterbahnen als Dehnmessstreifen (rechts)

Diese Lithographie-Maske dient zur Erzeugung von auf die Aktordimension abgestimmten Dehnmessstreifen. Sie ist für einen zweistufigen Prozess ausgelegt und weist deshalb Positionsmarkierungen in den Ecken auf, die das Ausrichten während des zweiten Belichtungsschritts zur Erzeugung der Sensorstrukturen auf den vorher angelegten Biegebalken erleichtern sollen.

Eine 100 nm dicke Parylenschicht hat sich als optimal in Bezug auf Flexibilität und Elastizitätsmodul, thermischer Robustheit und elektrischen Isolationseigenschaften herausgestellt. Die Schicht kann direkt auf den Aktor abgeschieden werden und bildet dann die isolierende Grundlage zur Herstellung eines Dehnmessstreifens (siehe Abb. 4-15).

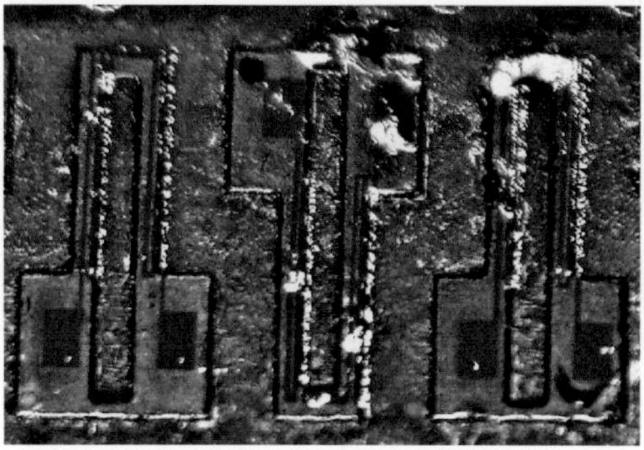

Abb. 4-15: Aktoren mit durch Aufsputtern hergestellten Dehnmessstreifen

Die hohe Integrationsdichte mündet in einem anspruchsvollen Herstellungsprozess des Aktor-Sensor-Systems. So durchläuft die Legierung Ni-Mn-Ga zweimal einen nasschemischen Prozess, wobei die zur Strukturierung der Goldschicht eingesetzte Kaliumiodidlösung auch das Aktormaterial in geringem Umgang angreift. Fehler beim Ausrichten der Maske mit den Mäanderstrukturen auf dem Aktor für den lithographischen Schritt treten erst später im Fertigungsprozess zu Tage, da zu einem Test die Aktoren vereinzelt vorliegen müssen. Der schichtweise Aufbau der Struktur verhindert einen beidseitigen Zugang zu den Kontaktpads, der für eine Kontaktierung mittels Spaltschweißen nötig ist. Daher wurde zur elektrischen Anbindung von Aktor und Messstruktur ein neues Verfahren unter Verwendung von leitfähigem Klebstoff evaluiert. Die damit erzielten Ergebnisse unterliegen jedoch stärkeren Schwankungen hinsichtlich des Übergangswiderstands, verglichen mit der etablierten Methode. Die Summe der Einflussfaktoren führte zu einem übermäßigen Ausschuss an Aktoren.

Ein anderer Weg wurde bei der Anbringung von separat hergestellten Dehnmessstreifen auf den Ni-Mn-Ga-Biegeaktoren gewählt. Um den Einfluss des Sensors auf die mechanischen Eigenschaften des Aktors zu minimieren, sollten die zum Aufbau benötigten Schichtdicken geringer sein als die Abmessung des Dünnfilms von 10 µm sowie durch die Verwendung von Polymeren eine geringere Steifigkeit als die Metalllegierung aufweisen. Die Herstellung der Dehnmessstreifen erfolgte getrennt vom Prozess der Aktorstrukturierung auf Polyimidfilm mit einer Schichtdicke von 8 µm und einer Goldschicht von 25 nm. Ein wesentlicher Vorteil bei diesem Vorgehen war die Möglichkeit, Aktoren und Sensoren getrennt auf ihre Funktionsfähigkeit zu testen, bevor sie in einem Integrationsschritt durch punktuelles Aufkleben der Streifenenden bei den Kontaktpads und der Aktorspitze zusammengesetzt werden. Durch eine geeignete Platzierung des Dehnmessstreifens, wie eine seitliche Versetzung, lassen sich die thermischen Einflüsse des beheizten Aktors minimieren. Der Formgedächtnisaktor ist zu diesem Zeitpunkt bereits mit Nickelstreifen durch Spaltschweißen verbunden. Die Anbindung des Dehnmessstreifens erfolgt durch leitfähigen Klebstoff, wobei die Verbindungsqualität durch Kontaktstellen mit größerer Ausdehnung im Vergleich zu integrierten Varianten verbessert werden konnte. Ein aufgebautes System ist in der Abbildung 4-16 dargestellt:

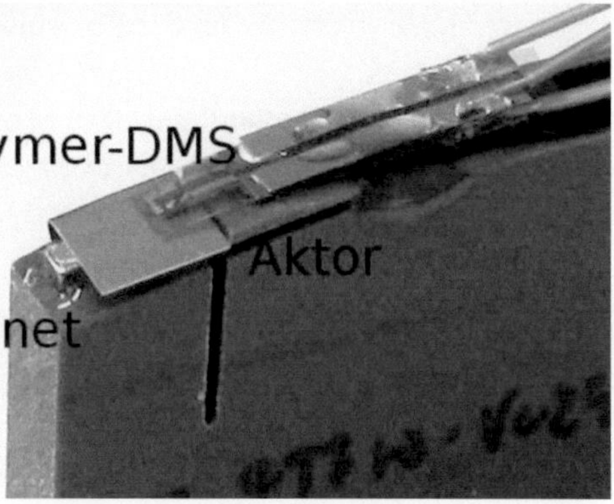

Abb. 4-16: Modular hergestelltes Aktor-Sensor-System

4.4.3 Auswertung

Die Evaluierung eines modularen Aufbaus bestehend aus Teststruktur und Dehnmessstreifen in einer Messserie ergab reproduzierbare Werte zu diskreten Auslenkungspositionen. Die absoluten Widerstandswerte beginnend mit 119,4 Ohm fallen kleiner als die berechneten mit 203 Ohm aus (siehe Abb. 4-17).

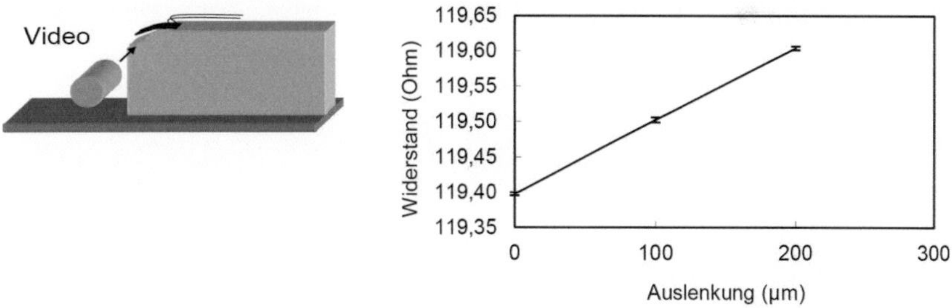

Abb. 4-17: Bestimmung der zugehörigen Widerstandsänderung eines Dehnmessstreifens nach optischer Ermittlung der Auslenkung

Mögliche Ursachen dafür sind während der Fertigung beobachtete Faktoren wie inhomogene Bahnbreiten von Sensorstrukturen und uneinheitliche Übergangswiderstände durch die Verbindung mit elektrisch leitfähigem Klebstoff. Deren Einfluss sollte durch den modularen Ansatz und gezielte Auswahl getesteter Komponenten minimiert werden. Die relative Zunahme des elektrischen Widerstands mit der Aktor-Auslenkung zeigt eine qualitative Übereinstimmung zwischen Modell und Test-Struktur. Dabei gilt es zu berücksichtigen, dass das Modell den optimalen Fall beschreibt, während im realen System gemittelte Dehnungen auftreten.

Eine Änderung der Auslenkung um 100 µm entspricht durchschnittlich einer Widerstandsänderung um 0,1 Ohm, wobei die Standardabweichung in jedem Fall kleiner als 0,0035 Ohm ist. Das Aufbringen einer zusätzlichen Polymerfolie auf den Aktor führt zu einer Reduktion der Aktorauslenkung. Dieses beeinflusste Verhalten äußert sich in einem nahezu linearen Signalverlauf des Sensors. Das Messsignal unterliegt dabei dem unterschiedlich starken Einfluss einzelner Leiterbahnen, da eine optische Untersuchung der hergestellten Sensoren Abweichungen in der Bahnbreite ergeben. Diese Schwankungen sind auf einen noch nicht optimierten nasschemischen Fertigungsprozess zurückzuführen.

Der in der Nähe des Doppelbiegebalkens angebrachte Dehnmessstreifen steht in seinem elektrischen Verhalten unter dem thermischen Einfluss des Formgedächtnisaktors (siehe Abb. 4-18).

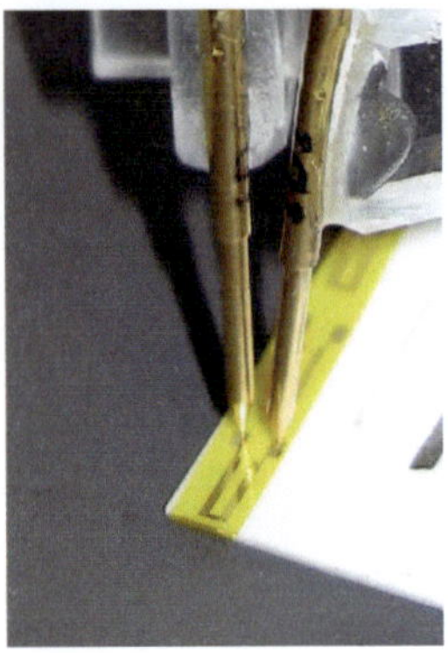

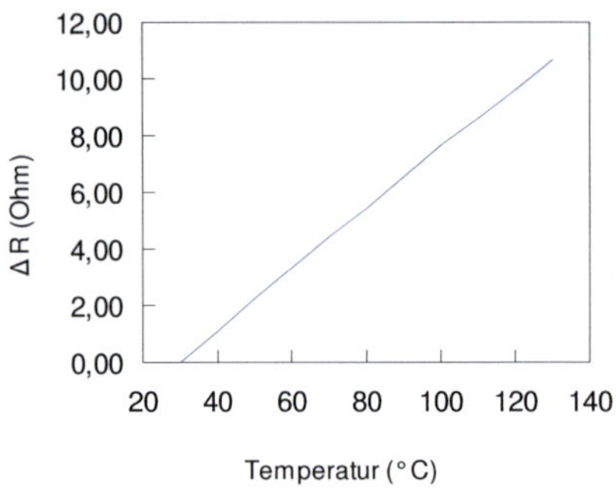

Abb. 4-18: Änderung des elektrischen Widerstands eines Dehnmessstreifens in Abhängigkeit von der Temperatur

Eine Analyse des Temperatureinflusses auf einen Polymer-Dehnmessstreifen soll Aufschluss über die Querempfindlichkeit des Sensor-Systems bringen. Durch die Verknüpfung der Informationen über den Zusammenhang zwischen Aktor-Widerstand und Temperatur aus Kapitel 3.4.4 sowie der Widerstandsänderung einer Goldschicht unter Temperatureinfluss ergibt sich die Möglichkeit der Kompensation der thermischen Widerstandsänderung.

4.5 Zusammenfassende Bewertung

Wie in Kapitel 4.2 vorgestellt, wurden zwei verschiedene Sensorprinzipien zur unmittelbaren Integration in ein adaptives optisches Ablenksystem unter optimaler Verwendung der vorhandenen Ressourcen untersucht, wobei individuelle Stärken und Schwächen erkennbar sind. In diesem Kapitel wurden das kapazitive und das resistive Prinzip anhand eines Testaufbaus hinsichtlich ihrer Eignung untersucht. Beiden gemeinsam ist die veränderte Systemcharakteristik im Vergleich zum ursprünglichen Ablenksystem, da zusätzliche oder geänderte Elemente das Aktorverhalten einschränken (vgl. Abb. 4-2 und Abb. 4-1). Dieser Punkt wäre bei der möglichen Verwendung des intrinsischen Magnetowiderstandseffekts nicht gegeben. Versuche im vorigen Kapitel haben das Potenzial dieser Materialeigenschaft ermittelt, deren sensorische Eignung im nächsten Kapitel untersucht werden soll.

Unterschiede gibt es in Bezug auf die Empfindlichkeit der Sensorprinzipien. Dies wurde bereits in der Modellbildung deutlich. Maßgeblichen Einfluss hat der berechnete Grundwert des Sensorprinzips, der z.T. um eine Größenordnung von dem real auftretenden abweicht. Dies spiegelt sich direkt in den Unterschieden bei der Empfindlichkeit wieder (siehe Abb. 4-19). Das kapazitive Sensorprinzip weist über dem Bereich der Auslenkung eine kontinuierlich zunehmende, berechnete Empfindlichkeit in der Größenordnung 0,0099-0,012 pF/µm auf, während beim resistiven Prinzip auch mit zunehmender Auslenkung die Empfindlichkeit von 0,68 mOhm/µm konstant bleibt. Die Untersuchungen an den beiden Test-Systemen bestätigen die Tendenz der Empfindlichkeit. Der kapazitive Ansatz zeigt einen nicht-linearen, kontinuierlich zunehmenden Verlauf, beginnend mit einem Wert von 0,001 pF/µm. Mit zunehmender Auslenkung des Aktors steigt auch die Empfindlichkeit stark an, um gegen Ende einen

Wert von 0,0086 pF/µm zu erreichen. Der Verlauf für den Dehnmessstreifen hingegen ist unabhängig von der Auslenkung nahezu konstant bei einem Wert von 0,001 Ohm/µm.

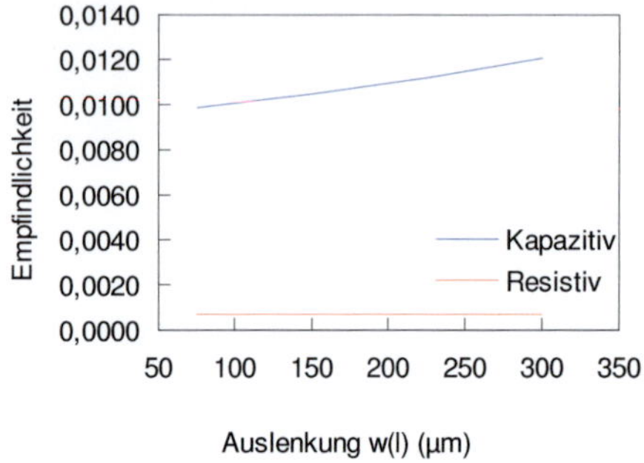

Abb. 4-19: Berechnete Empfindlichkeit des kapazitiven (in pF/µm, oberer Graph) und resistiven (in mOhm/µm, unterer Graph) Sensorprinzips

Der resistive Ansatz verspricht, auf Grund dieser Ergebnisse mit den zur Verfügung stehenden Messgeräten, eine erheblich sicherere und genauere Positionsbestimmung als das kapazitive Prinzip (siehe Abb. 4-20).

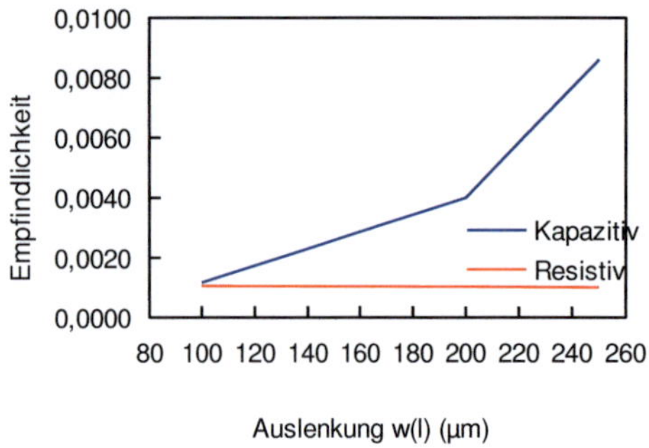

Abb. 4-20: Gemessener Verlauf der Empfindlichkeit für kapazitive (in pF/µm, oberer Graph) und resistive (in mOhm/µm, unterer Graph) Sensoren

Die Bewertung hinsichtlich der Fehlertoleranz fällt zu Gunsten des kapazitiven Prinzips aus. So ergaben die Versuche, dass bei einer lang anhaltenden Auslenkung eines Dehnmessstreifens die Messwerte einem Drift unterliegen, wodurch auch die Ergebnisse für eine anschließende Bewegung beeinflusst werden. Dieses Verhalten konnte beim kapazitiven Ansatz nicht beobachtet werden, hier lag die größte Beeinträchtigung in einem möglichen Kurzschluss bei unzureichender Isolation der Elektroden.

Hinsichtlich der Genauigkeit schneidet das resistive Verfahren besser ab als das Kapazitive, was sich auch im Ergebnis für die gemessene Empfindlichkeit wiederfindet. Die auftretenden Widerstandsänderungen lassen sich auch mit einem Labor-Multimeter sicher detektieren. Der Dehnmessstreifen unterliegt jedoch einem stärkeren thermischen Einfluss, der durch geeignete konstruktive Maßnahmen oder Korrekturrechnungen gemindert werden kann. In der Tabelle 4-1 werden repräsentative Eigenschaften der Test-Systeme einander gegenübergestellt.

Tabelle 4-1: Vergleich von typischen Parametern der extrinsischen Sensorprinzipien

	Kapazitiver Sensor	**Dehnmessstreifen**
Herstellbarkeit	Nutzt Ressourcen	Neues Bauteil
Aktorbeweglichkeit	unbehindert	eingeschränkt
Drift	nein	ja
Empfindlichkeit	0,001-0,0086 pF/µm	0,001 Ohm/µm
Max. Dehnung	0,05%	0,05%
Elek. Kontaktierung	Schweißen/Löten	Kleben
Therm. Einfluss	schwach	stark
Hilfsenergie	ja	ja

Die Beurteilung hinsichtlich der Herstellbarkeit geht zu Gunsten des kapazitiven Verfahrens aus, da in unmittelbarer Nähe des Aktors keine zusätzliche Verkabelung für den Sensor benötigt wird. Somit sinkt auch der Integrationsaufwand. Beide Verfahren erkaufen sich die zusätzliche Funktionalität durch Einschränkungen bei der Leistungsfähigkeit.

Hinsichtlich der ausgewählten Parameter kann insgesamt eine bessere Funktionserfüllung des kapazitiven Sensors festgestellt werden. Lediglich bei der Empfindlichkeit bietet der Dehnmessstreifen sicherer zu evaluierende Werte.

Das vorangegangene Kapitel zeigt charakteristische Materialeigenschaften von Ni-Mn-Ga auf, die die Grundlage für ein intrinsisches Messprinzip bilden können. Dies bietet sich als eine Ergänzung oder sogar einen Ersatz für eine leistungs- und widerstandsabhängige Ermittlung der Aktorposition an. Die Evaluierung dieses Prinzips soll im nächsten Kapitel erfolgen.

5 Integrierte magnetoresistive Lagesensorik

Der magnetoresistive Sensoreffekt integriert sich nahtlos in das bestehende Aktorsystem aus einem ferromagnetischen Formgedächtnisaktor im Feld eines Permanentmagneten. Das Aktormaterial unterliegt bei einer Positionsänderung einer Änderung der magnetischen Flussdichte, die wiederum den elektrischen Widerstand in der Legierung beeinflusst. Temperaturkompensiert soll diese Eigenschaft zur Positionsbestimmung verwendet werden. Sie stellt eine ideale Ergänzung zur leistungs- und widerstandsabhängigen Positionsbestimmung bei einer elektrisch beheizten ferromagnetischen Formgedächtnislegierung dar, um eindeutige Aussagen über die Bewegungsrichtung treffen zu können. Die dazu benötigten Grundlagen sollen in diesem Kapitel erarbeitet werden. So ist es wichtig, die Grenzen der Leistungsfähigkeit dieses Effektes zu bestimmen, die mit der Stärke und der Verteilung des Magnetfelds, der Aktortemperatur und der verwendeten Struktur zusammenhängen.

Konkret stellt sich die Frage nach der Anwendbarkeit des Effektes zur Positionsermittlung im Rahmen eines adaptiven mikrooptischen Ablenksystems. In diesem Fall soll eine geeignete Anzahl an Permanentmagneten zur Auslenkung des ferromagnetischen Formgedächtnisaktors verwendet werden. Ob deren Feld noch im Abstand von mehreren Millimetern ausreicht, um in der Aktorlegierung Ni-Mn-Ga einen messbaren Magnetowiderstandseffekt hervorzurufen, soll zunächst beantwortet werden. In dem System erfolgt die Beheizung des Aktors elektrisch über den intrinsischen Widerstand, um die Curie-Temperatur und die Rückstellung durch die Formgedächtniskraft zu erreichen. Auch diese Randbedingung muss bei der Evaluierung des Sensoreffektes berücksichtigt werden.

5.1 Randbedingungen und Versuchsstand

Das Kernelement eines mikrooptischen Ablenksystems ist ein Doppelbiegebalken aus der ferromagnetischen Formgedächtnislegierung Ni-Mn-Ga. Neben den bekannten aktorischen Eigenschaften eignet sich dieses multifunktionale Material auch zum sensorischen Einsatz. Für die Untersuchungen stehen mehrere

Legierungsvarianten zur Verfügung, die in Tabelle 3-1 im Kapitel 3.1.4 vorgestellt wurden. Die Auswahl des im Rahmen dieses Kapitels verwendeten Materials erfolgte hinsichtlich der Übergangstemperaturen, der Schichtdicke und des Herstellungsprozesses. Diese Kriterien erforderten die bei 200 W gesputterte Ni-Mn-Ga-Legierung in polykristalliner Ausprägung mit einer Schichtdicke von 10 µm. Die Eignung des Materials sowie die Gewährleistung der gewünschten Parameter wurden durch die Validierung einer Materialcharge mittels der DSC-Messung sichergestellt (siehe Kapitel 3.4.2).

Die Untersuchung des Materials hinsichtlich einer integrierten Positionsermittlung erfordert einen repräsentativen Satz an Einzelmessungen mit einem Aktor einer Charge. Von Interesse ist dabei der kombinierte Einfluss von magnetischer Flussdichte und Materialtemperatur auf den intrinsischen Widerstand. Diese Parameter bilden die Grundlage für eine leistungs- und widerstandsabhängige Bestimmung der Aktorauslenkung im Feld eines Permanentmagneten. In diesem Zusammenhang stellt die Sprödigkeit der gesputterten Dünnfilm-Aktoren ein Problem hinsichtlich der Lebensdauer dar, wenn ein einzelnes Exemplar für unterschiedliche Messungen verwendet werden soll. Die Überschreitung von individuellen Aktorgrenzwerten (v.a. bei der elektrischen Beheizung) führen zu einem Verlust von Material und damit zu keinem konsistenten Datensatz. Zur Erhöhung der Lebensdauer wurden deshalb die repräsentativen Aktoren für die sensorischen Experimente ohne intrinsische Beheizung auf ein Trägersubstrat aufgebracht.

Die Ermittlung grundlegender Materialparameter wie dem Magnetowiderstands-effekt erfordert einen variabel und präzise einstellbaren Versuchsstand zur Durchführung von Experimenten. Die Positionierung erfolgt dabei relativ zum auslenkenden Permanentmagneten. Vier Freiheitsgrade (drei translatorische und ein rotatorischer, dargestellt mit blauen Pfeilen in Abb. 5-1) sorgen dafür, dass je nach den Anforderungen des zu integrierenden Sensortyps und der daraus resultierenden maximalen Auslenkung ein funktionsfähiger Aufbau entsteht. Der an der vertikalen Achse zur Aufnahme des Permanentmagneten befestigte Arm besitzt den rotatorischen Freiheitsgrad zur Verkippung, um unterschiedliche Positionen testen zu können.

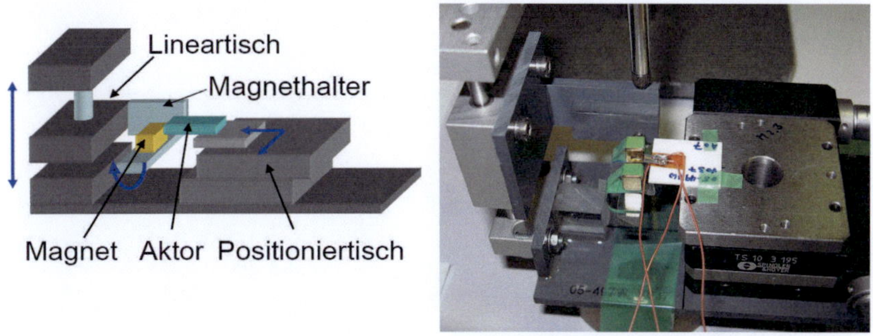

Abb. 5-1: Versuchsstand mit einstellbarer Aktorposition und Magnetausrichtung

5.2 Positionsermittlung

Die in Kapitel 3 ermittelten Ergebnisse bei der Materialcharakterisierung sollen die Grundlage für den sensorischen Einsatz der Formgedächtnislegierung Ni-Mn-Ga zur Positionsermittlung in einem Aktorsystem bilden. Im Gegensatz zu den im Labor einzeln kontrollierten Parametern in Form eines homogenen Magnetfeldes im Elektromagneten oder einer konstant geregelten Umgebungstemperatur treten beim Einsatz in einem Ablenksystem überlagerte Einflussparameter auf. Dabei wirkt sich die Querkopplung des magnetfeldabhängigen elektrischen Widerstands, der wiederum von der Position des Aktors im magnetischen Feld abhängt, mit dem thermisch beeinflussten Widerstand auf das gemessene Signal aus.

So ist zunächst die Frage zu klären, mit welchem elektrischen Widerstand eine Doppelbiegebalken-Struktur aus der Formgedächtnislegierung Ni-Mn-Ga auf verschiedene Positionen in einem inhomogenen Magnetfeld eines Permanentmagneten reagiert. Zu diesem Zweck wurde der Verlauf der Flussdichte über dem Pol mit dem Gaussmeter FH 54 der Firma Magnet-Physik ermittelt. Zum Einsatz kommt die zugehörige Standard-Hallsonde mit den Abmessungen 55 mm x 4 mm x 1 mm, die eine Sensorfläche mit dem Durchmesser von 0,4 mm und einen Messbereich von 3 mT bis 3 T bei einer Genauigkeit von 0,3% besitzt (siehe Abb. 5-2).

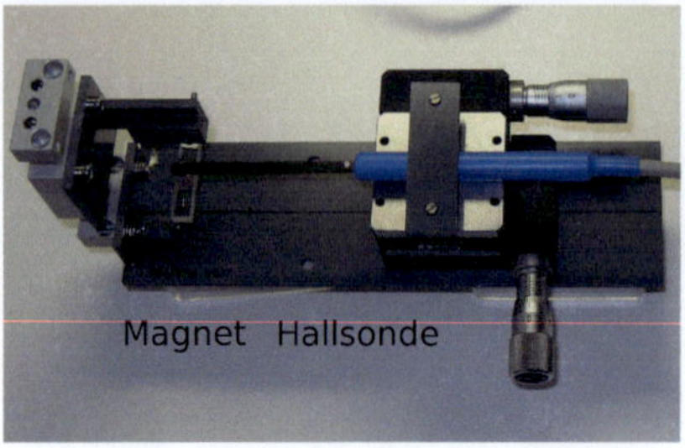

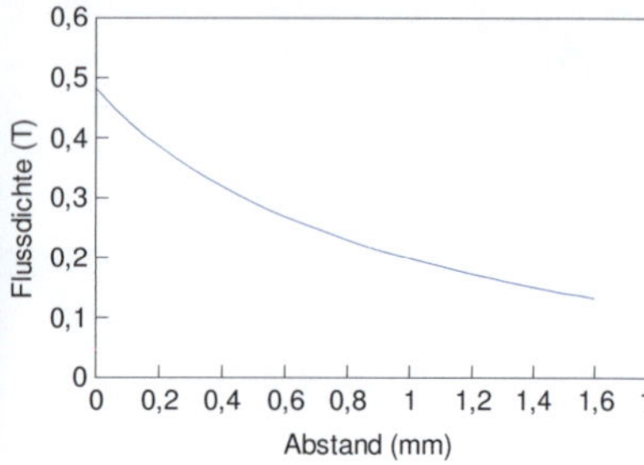

Abb. 5-2: Ermittlung der Flussdichte über dem Pol eines Permanentmagneten; Bestimmung des maximalen Abstandes für den MR-Effekt

Direkt auf der Poloberfläche des Permanentmagneten konnte eine Flussdichte von 0,484 Tesla gemessen werden. Mit zunehmender Entfernung nimmt die Flussdichte kontinuierlich ab, bis sie bei 1,6 mm einen Wert von 0,13 Tesla erreicht. Als Grenzwert für den sensorischen Einsatz wird eine Feldstärke von 0,25 Tesla angesehen (siehe Abb. 3-13) Dies entspricht in diesem Aufbau einem Abstand zwischen Permanentmagnet und Sonde von 0,7 mm.

Danach wurde ein Aktor auf ein Trägersubstrat aufgebracht, das ihn in einer definierten Position fixiert, um die Auswertung zu erleichtern. Zunächst wurde dieser Aktor im Elektromagneten unter den idealen Bedingungen eines homogenen Magnetfeldes und konstanter Raumtemperatur im Hinblick auf den Magnetowiderstandseffekt untersucht (siehe Abb. 5-3). Für die maximal erreichte Flussdichte von 0,692 Tesla ergibt sich ein Magnetowiderstandseffekt von 0,34%, was einer Empfindlichkeit von 0,49%/Tesla entspricht. Anschließend erfolgte die Integration des Aktors in den einstellbaren Versuchsstand mit vier Freiheitsgraden, wobei der nach unten gerichtete Aktor am Positioniertisch befestigt wurde.

Zur Auswertung des elektrischen Widerstands dient der in Kapitel 3.4.1 beschriebene verbesserte Messaufbau. Mit dem Lineartisch wird nun von unten der Permanentmagnet (Würfel mit Kantenlänge 5 mm, siehe Kapitel 2.2) an den Aktor herangefahren und die vertikale Position z, ausgehend von der Oberseite des Permanentmagneten, samt gemessenem Widerstand aufgezeichnet.

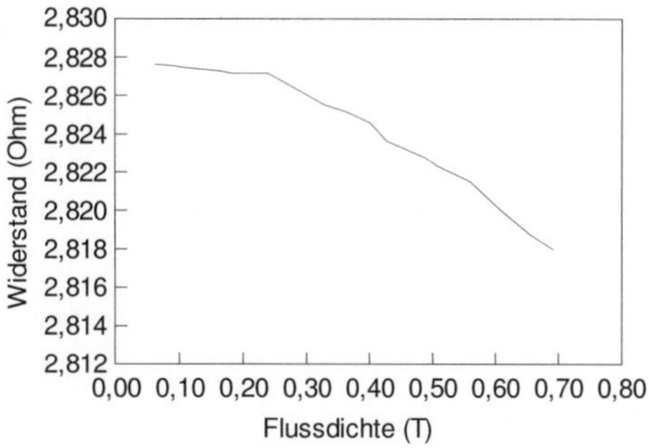

Abb. 5-3: Widerstandsverlauf des Test-Aktors im homogenen Magnetfeld eines Elektromagneten; Abschätzung der relevanten elektrischen Signalgröße

Das Ergebnis der Untersuchung des Widerstandsverlaufs über einem Permanentmagneten ist in Abbildung 5-4 dargestellt:

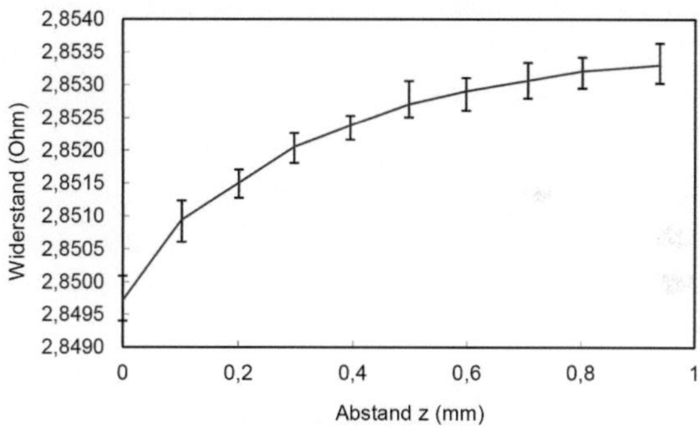

Abb. 5-4: Widerstandsverlauf des Test-Aktors im inhomogenen Feld eines Permanentmagneten

Ab einem Abstand von 0,7 mm von der Oberseite des Permanentmagneten ist keine signifikante Veränderung des elektrischen Widerstands feststellbar. An dieser Position konnte eine maximale Flussdichte von 0,25 Tesla gemessen werden. Dieser Wert stellt den Grenzwert für den sensorischen Einsatz des

Doppelbiegebalkens aus Ni-Mn-Ga dar. Unter Verwendung dieser gemessenen Maximalwerte würde sich ein Magnetowiderstandseffekt in der Größenordnung von 0,14% oder 0,6%/Tesla ergeben.

Durch die Messung der Flussdichte per Hallsonde wurden die maximalen Werte des Permanentmagneten entlang der Polachse in z-Richtung gemessen. Bewegt sich der Aktor entlang dieser Achse, unterliegt er auf Grund seiner Ausdehnung dem Einfluss einer Flussdichte mit geringerer Ausprägung, da sie zu den Rändern des Magneten hin abnimmt. Für zwei feste Abstände z=0 mm und z=0,5 mm wurde der Verlauf protokolliert (siehe Abb. 5-5).

Die bereits erwähnte Querkopplung des elektrischen Widerstands erfordert eine Fitfunktion zur Beschreibung des Zusammenhangs zwischen Aktorposition und der gemittelten maximalen Flussdichte über der Polfläche von 0,38 Tesla für den Abstand z_0=0 mm:

$$\bar{z}=0{,}2\left[1-\frac{\bar{B}}{0{,}38}\right] \quad (5\text{-}1)$$

Dieser Zusammenhang von Abstand und Flussdichte ist wiederum elementarer Bestandteil bei der Berechnung des gemittelten Widerstandsverlaufs:

$$\bar{R}=-0{,}21(\bar{z})^2+0{,}0511(\bar{z})+2{,}8504 \quad (5\text{-}2)$$

Der Zusammenhang der gemittelten Flussdichte und dem erwarteten angepassten elektrischen Widerstand im Aktor ist in Abbildung 5-6 dargestellt.

Der aus den vorliegenden Werten berechnete gemittelte Magnetowiderstandseffekt beträgt maximal 0,11% und stellt damit in der verwendeten Konfiguration auch den Grenzwert für den Sensoreinsatz der Legierung dar. Die Aktivierung des Aktors erfolgt durch elektrische Beheizung. Wie oben erwähnt, unterliegt der dabei auftretende Widerstand mehreren Einflussfaktoren, wobei die thermische Wechselwirkung mit dem Permanentmagneten als Wärmesenke näher untersucht wurde. Wesentlicher Faktor ist dabei der Abstand, der gemäß den Extrempositionen des Aktors zu 10 und 500 µm gewählt wurde. Für den geringen Abstand ist ein deutlich verzögerter Anstieg des intrinsischen Widerstands feststellbar. Die Einleitung der Phasenumwandlung benötigt dabei eine erheblich höhere Heizleistung von 0,3 W, wie in der Abbildung 5-7 dargestellt.

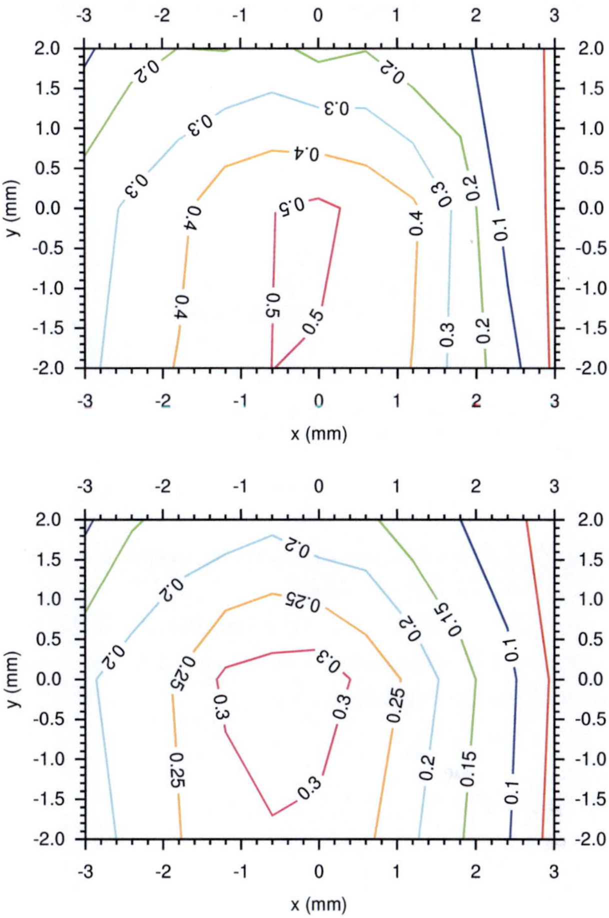

Abb. 5-5: Verlauf der Flussdichte parallel zur Polfläche in den Abständen z=0 mm (oben) und z=0,5 mm (unten), die Beschriftung der Linien entspricht der Ausprägung in Tesla

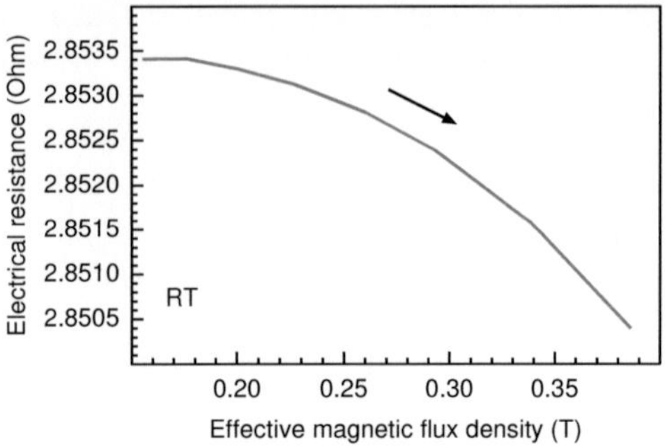

Abb. 5-6: Verhalten des elektrischen Widerstands eines Ni-Mn-Ga-Aktors als Funktion der gemittelten magnetischen Flussdichte

Der Kurvenverlauf in Abbildung 5-7 spiegelt den überlagerten Einfluss einer thermischen und magnetoresistiven Widerstandsänderung wieder. Im Betrieb weist der Biegeaktor einen komplexen Widerstandsverlauf auf. Ursache für die thermische Komponente ist die inhomogene Temperaturverteilung, bedingt durch die Probengeometrie, die elektrische Beheizung und Wechselwirkungen mit der Umgebung. Die magnetische Komponente des Widerstands unterliegt der Feldverteilung des Permanentmagneten.

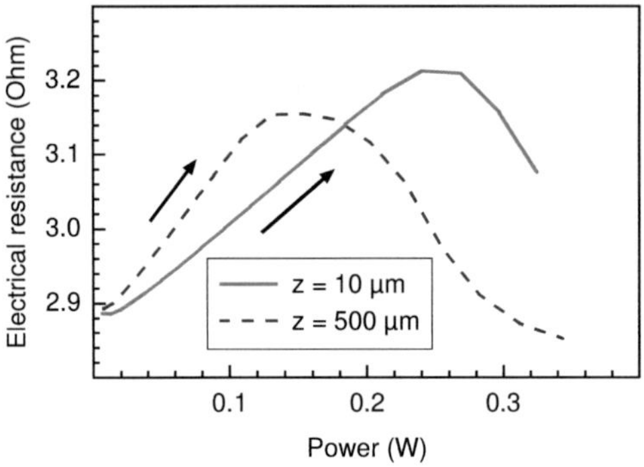

Abb. 5-7: Verlauf des elektrischen Widerstands eines Ni-Mn-Ga-Aktors in Abhängigkeit von der Heizleistung und dem Abstand zu einem Permanentmagneten

Das bereits in Kapitel 3.5 vorgestellte Finite-Elemente-Simulationsmodell beschreibt den Zusammenhang [Kre08a]. Die dabei berechneten und mit Messergebnissen abgeglichenen Kurvenverläufe in Abbildung 3-18 verdeutlichen den konkurrierenden Einfluss von Flussdichte und Temperatur auf den resultierenden Widerstand. Das Anlegen einer Flussdichte von 0,64 Tesla an den Aktor entspricht bei 355 K einer negativen Widerstandsänderung von 0,01 Ohm. Ohne angelegtes Feld kann die Widerstandsänderung durch eine Temperatursenkung um 4 K auf 351 K erzielt werden. Im Rahmen dieser Arbeit soll die intrinsische Sensoreigenschaft als Funktion von gemittelten empirischen Parametern, wie Heizleistung und magnetische Flussdichte, untersucht werden.

Zunächst wurden die sich überlagernden Effekte der thermischen und magnetoresistiven Widerstandsänderung im Elektromagneten getrennt für unterschiedliche magnetische Flussdichten und unterschiedliche Temperaturen untersucht. Der typische Kurvenverlauf für Minimal- und Maximalwert ist in Abbildung 5-8 dargestellt. Der direkte Vergleich der gemessenen Werte erlaubt die Untersuchung des Einflusses einer inhomogenen Temperaturverteilung im Vergleich mit einer homogen temperierten Probe. Wichtig sind in diesem Zusammenhang auch die Kurven ohne Feldeinfluss, die als Referenz dienen können. Nur so kann die eventuelle Auswirkung der Flussdichte, die wiederum einer Position im Ablenksystem zuzuordnen ist, sicher detektiert werden.

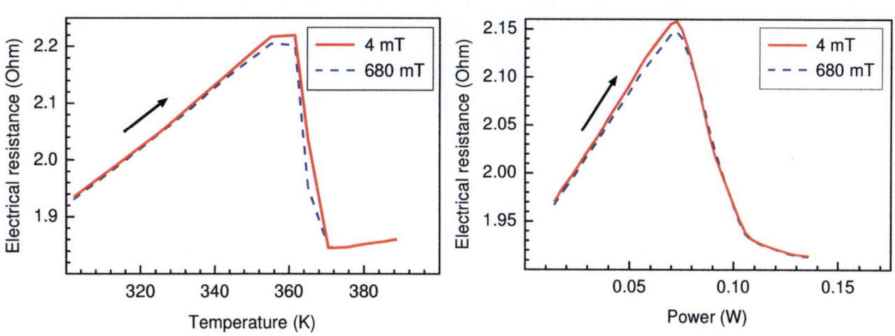

Abb. 5-8: Verlauf des elektrischen Widerstands des Ni-Mn-Ga-Aktors in Abhängigkeit magnetischer Flussdichte und Temperatur (links) oder Heizleistung (rechts)

Im Bereich bis 70 mW kann ein linearer Anstieg des elektrischen Widerstands gemessen werden, der sich in Abhängigkeit von der Flussdichte nur in seiner Steigung unterscheidet. Für eine höhere Heizleistung und der damit verbundenen Einleitung der Phasenumwandlung nimmt der Abstand der Kurvenverläufe zu. Die sich hier widerspiegelnde Temperaturabhängigkeit des Magnetowiderstandseffektes wurde bereits in Kapitel 3 thematisiert. Dieser Bereich ist wegen der beginnenden Aktorbewegung für die Positionsermittlung besonders interessant. Dabei findet eine gleichzeitige Auswertung der Heizleistung und des intrinsischen Widerstands statt (siehe Abb. 5-9), wobei die ermittelten Werte aus dem Elektromagneten eine Referenz bilden. So ergibt sich für eine Heizleistung von 70 mW ohne Feldeinfluss ein Aktorwiderstand von 2,1652 Ohm. Bei einer Flussdichte von 380 mT sinkt dieser Wert auf 2,1569 Ohm. Minimal wird der Wert mit 2,1536 Ohm bei 680 mT. Die Verrechnung der ohne Feldeinfluss ermittelten Referenzwerte führt zur Bestimmung des gemittelten Magnetowiderstands. Für 70 mW führt das zu einem gemittelten Magnetowiderstandswert von 0,54% für den optimalen Fall unter Verwendung eines Elektromagneten und 0,38% als obere Grenze bei einer möglichen Verwendung von Permanentmagneten (siehe Abb. 5-9). Der Magnetowiderstand steht in unmittelbarem Zusammenhang mit der den Aktor beeinflussenden Flussdichte, die im Fall eines Permanentmagneten mit inhomogener Feldverteilung eindeutige Rückschlüsse auf die Position zulässt.

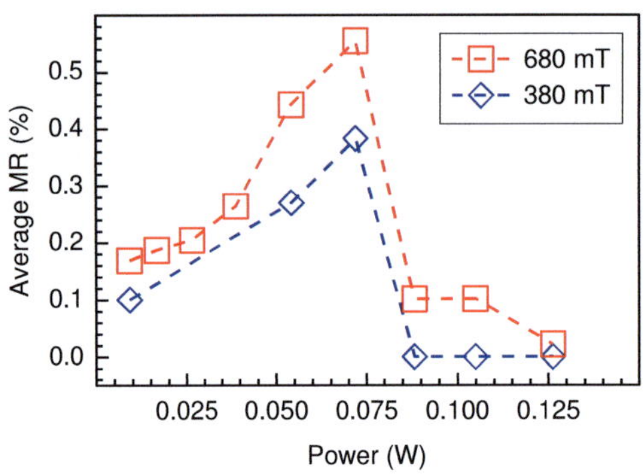

Abb. 5-9: Zusammenhang zwischen Heizleistung und resultierendem gemittelten Magnetowiderstand für zwei verschiedene maximale Flussdichten

Besondere Beachtung kommt dabei den Werten für die magnetische Flussdichte von 0,38 und 0,68 Tesla zuteil, die den optimal erzielbaren Bereich für den Permanent- und den Elektromagneten darstellen. Nach einem moderaten Anstieg des Magnetowiderstands kommt es im Bereich 0,04-0,06 W zu einer rapiden Zunahme, die bei 0,072 W ihr Maximum findet. Durch die einsetzende Phasenumwandlung und das Erreichen der Curie-Temperatur geht das Signal bis 0,105 W auf Null zurück. Verglichen mit den Werten bei der Materialcharakterisierung unter den kontrollierten Bedingungen einer Klimakammer sind die maximal erzielbaren Magnetowiderstandswerte geringer.

Die ermittelten Werte des Magnetowiderstands in Abhängigkeit von Heizleistung und magnetischer Flussdichte stellen nach der Verknüpfung mit der leistungsabhängigen Auslenkung (siehe Abb. 4-3 und 4-4) und der räumlichen Verteilung der Flussdichte um einen Magneten die Grundlage zur integrierten Positionsbestimmung dar. Dieser komplexe Zusammenhang von thermoresistiven und magnetoresistiven Anteilen soll in Abbildung 5-10 verdeutlicht werden. Im Ausgangszustand der Modellvorstellung für ein Ablenksystem befindet sich der unbeheizte Aktor direkt über dem Permanentmagneten mit der Auslenkung $z/z_0=0$. Die maximal verfügbare gemittelte Flussdichte von 0,38 Tesla führt in Verbindung mit der Materialtemperatur im Bereich der Umgebungstemperatur zu einem gemittelten magnetoresistiven Effekt in der Größenordnung von 11%.

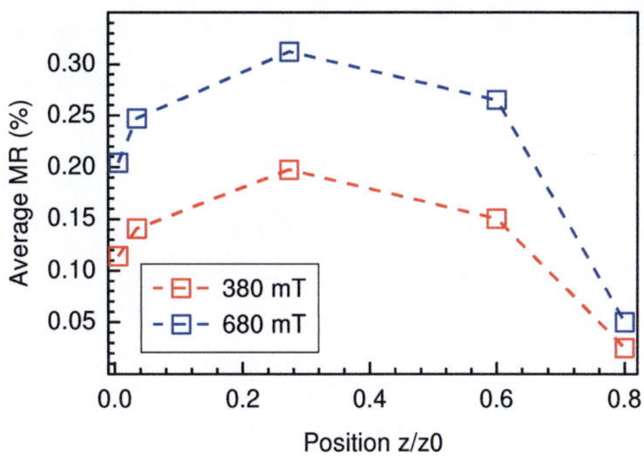

Abb. 5-10: Zusammenhang zwischen gemitteltem Magnetowiderstand und Aktorposition

Wird nun eine Heizspannung an den Aktor angelegt und das Material mit einer Heizleistung von 0,05 W auf eine Temperatur von 325 K gebracht, stellt sich eine Auslenkung von z/z_0=0,28 ein. Die gemittelte Flussdichte beträgt in dieser Position 0,3 Tesla und daraus ergibt sich eine gemittelte Magnetowiderstandsänderung von 0,19%. Danach führt die mit der zunehmenden Auslenkung verbundene Abnahme der Flussdichte, bei entsprechend schwächer werdender thermischer Kompensation, zu einer Abnahme des Magnetowiderstandswertes bis das Material bei z/z_0=0,8 die Curie-Temperatur überschreitet und paramagnetisch wird.

Die Zunahme der Aktorauslenkung geht mit einer Zunahme des Magnetowiderstands von 0,2% in der Ausgangslage auf 0,31% für das Maximum bei z/z_0=0,28 einher, um anschließend wieder abzunehmen. Die Werte des Effektes liegen in einem weiten Bereich der Aktorauslenkung über dem zur Auswertung nötigen minimalen Grenzwert von 0,1%. Dabei kommt die Tatsache der außerordentlichen Verstärkung des Magnetowiderstandseffektes durch die Materialtemperatur zum Tragen. Jede dargestellte Position z/z_0 entspricht einem neuen Verhältnis zwischen feld- und temperaturabhängigem Magnetowiderstand, wobei ersterer mit zunehmendem Abstand abnimmt, während letzterer bis zum Erreichen der Curie-Temperatur zunimmt und die schwächeren feldabhängigen Werte verstärkt. Dieser Zusammenhang erreicht seine maximale Ausprägung bei z/z_0=0,28, wobei die feldabhängige Verringerung durch die Temperaturzunahme überkompensiert wird. Ab diesem Punkt dominiert die feldabhängige Abnahme des Magnetowiderstands den Temperatureffekt, was sich in einem abnehmenden Gesamtwert äußert. Die Verwendung der Legierung Ni-Mn-Ga im sensorischen Einsatz ist limitiert auf eine Auslenkung bis ca. z/z_0=0,8, bei der das Material bedingt durch die Erwärmung die Curie-Temperatur erreicht und der Magnetowiderstandseffekt verschwindet.

Die Steigung des Kurvenverlaufs macht deutlich, dass die Messung des Magnetowiderstandseffektes als einziges Signal zur Positionsbestimmung nicht ausreicht. Das Auftreten einer Hysterese während der Aktorbewegung führt zu Widerstandswerten, die jenseits der Extremposition vom Bewegungsverlauf abhängen und damit einer zeitlichen Komponente unterliegen. Dies führt zu der Bedingung, auch die angelegte Heizleistung zu evaluieren. Erst in Verbindung mit dem Magnetowiderstandseffekt können hinreichend eindeutige Signale bestimmt werden. So ergibt sich für den maximalen Effekt von 0,31% bei

z/z_0=0,28 und für eine maximale Auslenkung von 200 µm eine Positioniergenauigkeit von 10 µm. Dieser Wert bezieht sich auf eine maximal vorhandene Flussdichte von 0,68 Tesla, wie sie von dem Elektromagneten bereitgestellt wird. Im Fall eines Permanentmagneten reduziert sich diese auf 0,38 Tesla, wodurch der maximale Magnetowiderstandseffekt bei 0,19% liegt. Somit ergibt sich für das miniaturisierte Ablenksystem mit dem Signalmaximum bei z/z_0=0,28 und einer maximalen Auslenkung von 200 µm eine Positioniergenauigkeit von 18 µm. Der Einsatz eines Permanentmagneten beeinflusst das System hinsichtlich der benötigten Heizleistung, die entsprechend höher angepasst werden muss.

Die Anwendung der Modellvorstellung für die Positionsermittlung an einem Aktorsystem, das einen kubischen Permanentmagneten mit maximaler mittlerer Flussdichte von 0,38 T besitzt, würde in folgenden Schritten ablaufen: Die an den Aktor angeschlossenen Messgeräte bestimmen die momentan anliegende Leistung mit 0,06 W, wobei ein elektrischer Widerstand von 2,034 Ohm gemessen wird. Eine frühere Messung ohne Feldeinfluss hat für diese Leistung einen Widerstand von 2,036 Ohm ergeben. Die Verrechnung der beiden Widerstandswerte führt zu einem Magnetowiderstand von 0,1%. Damit befindet man sich auf der dargestellten Kurve in Abbildung 5-10 noch vor dem Punkt der Auslenkung bei z/z_0=0.

5.3 Magnetfeldoptimierung

Um den Magnetowiderstandseffekt zur Positionsbestimmung verwenden zu können, sind über den Auslenkungsbereich z/z_0 Flussdichten größer als 300 mT nötig. Dieses Kriterium ist mit einem einzelnen der vorliegenden Permanentmagneten bei kompakter Baugröße nicht erfüllt. Da der Elektromagnet auch höhere Flussdichten zur Verfügung stellt, wurde ein Kurvenverlauf des abstandsabhängigen MR-Effektes bei maximal 680 mT bestimmt. Das Ergebnis bestätigt die Forderung nach einer Feldstärke von ca. 300-600 mT im Bereich der Aktorauslenkung.

5.3.1 Experiment

Die Permanentmagnete mit einer Kantenlänge von 5 mm sind von ihren Abmessungen her geeignete Kandidaten zur Integration in ein modifiziertes Ablenksystem, das den Magnetowiderstandseffekt zur Positionsbestimmung verwenden soll. Die von ihnen bereitgestellte Flussdichte liegt jedoch nur knapp über der nach vorausgegangenen Versuchen ermittelten sinnvollen Mindestgröße. Andererseits ist speziell für den Bereich von 680 mT ein ausgeprägter Magnetowiderstandseffekt messbar, dessen Verwendung für eine hohe Positionsauflösung wünschenswert wäre. Der technische Widerspruch zwischen kompakten Abmessungen und hoher verfügbarer Flussdichte könnte durch eine Segmentierung des betreffenden Bauteils gelöst werden. Konkret steht dabei eine Integration von zwei Permanentmagneten in einer noch zu bestimmenden optimierten Ausrichtung in das Ablenksystem zur Diskussion. Die Permanentmagnete sollen den in Kapitel 2.2 Vorgestellten entsprechen. Deren Anordnung wird durch die Verwendung des mit vier Freiheitsgraden einstellbaren Versuchsstands vereinfacht. Weitere Ziele sind die Verwendung des existierenden Aktors mit einer Aktorauslenkung, die der in dem bisherigen System entspricht. Daher liegt ein klarer Fokus auf der Ermittlung einer geeigneten Anordnung der Permanentmagnete. Ausgangspunkt der Überlegungen ist eine Feldausrichtung parallel zur Aktorebene. Anfängliche Überlegungen in Analogie zu dem verwendeten Elektromagneten führten zu einer parallelen Ausrichtung mit gegenüberliegend ausgerichteten komplementären Polen (siehe Abb. 5-11).

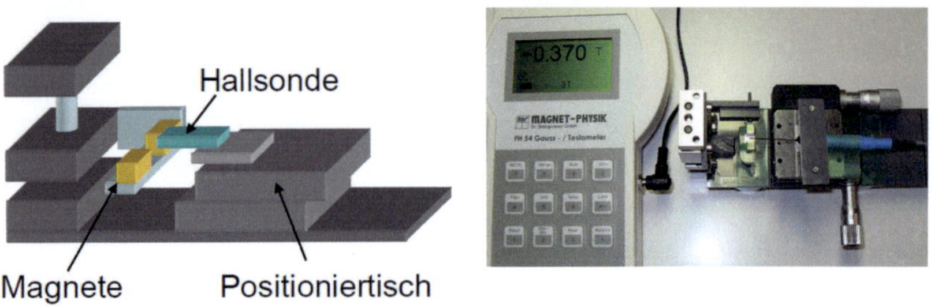

Abb. 5-11: Lineare Permanentmagnet-Anordnung zur Erhöhung der Flussdichte zwischen den Polen

Die an dieses Konzept gestellten Erwartungen bezogen sich auf eine erhöhte Flussdichte im Spalt zwischen den Magneten bei gleichzeitig geringerem Feldgradienten. Der Abstand betrug dabei 4 mm und durch die Höhe der Permanentmagnete von 5 mm war sichergestellt, dass der Aktor während der gesamten Bewegungsphase im Bereich der Flussdichte verbleibt (vergleiche Abb. 5-8). Ob diese Magnetanordnung eine Verbesserung des magnetoresistiven Effektes bewirkt, wurde mit einem Doppelbiegebalkenaktor untersucht, der mit seiner gesamten Länge mittig im Spalt eintaucht und dabei in z-Richtung verfahren wurde (siehe Abb. 5-12). Das Vermessen des Feldes erfolgte im Versuchsstand mit einer Miniatur-Hallsonde der Firma Magnet-Physik, deren Sensorfläche einen Durchmesser von 0,64 mm besitzt und die aufrecht ausgerichtet in x-y-Richtung verfahren wurde. Die Anpassung der z-Position erfolgte über eine vertikale Mikrometerschraube, ausgehend von der Oberkante der Magnete. Dabei ist die Position z=5 mm nicht einstellbar, da an dieser Stelle ein 500 µm dicker PMMA-Abstandshalter die Separation der Magnete erleichtert. Mit dieser Anordnung wurde die Vorgabe einer parallelen Feldausrichtung zur Aktorebene umgesetzt. Sie erreicht über 400 mT und liegt damit unter dem bisher untersuchten Optimum von 680 mT, allerdings sind die Unterschiede im relevanten Aktor-Bereich zwischen y=1,5 mm und y=2,5 mm sowie zwischen den Positionen z=2 mm und z=3 mm gering (siehe Abb. 5-13 und Abb. 5-14).

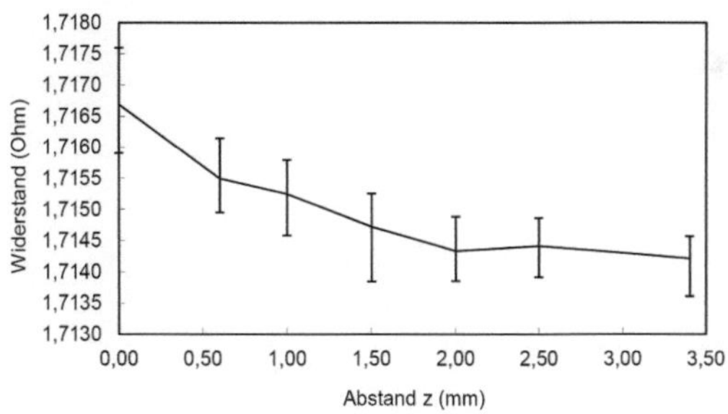

Abb. 5-12: Messung des Magnetwiderstandseffektes für Ni-Mn-Ga-Aktor mittig im Spalt zwischen den Permanentmagneten

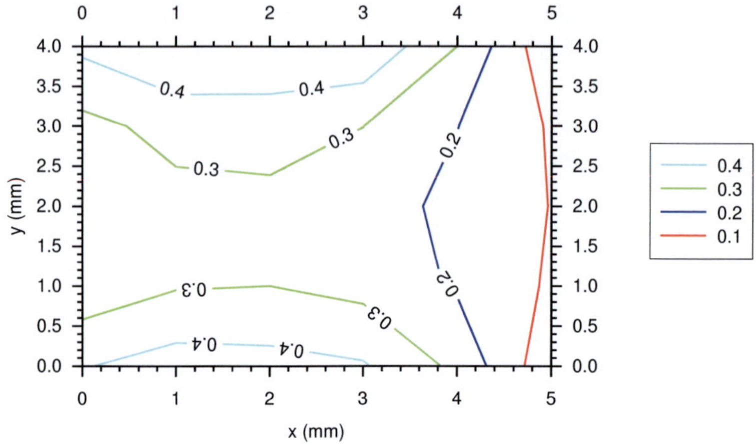

z=1 mm

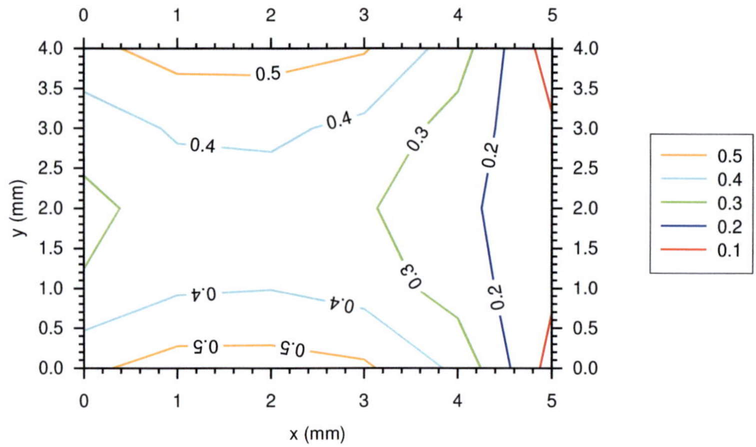

z=2 mm

Abb. 5-13: Verlauf der Flussdichte im 4 mm breiten Spalt zwischen zwei gegenüberliegenden Polen (an den Positionen y=0 mm und y=4 mm) in Tesla für verschiedene z-Positionen, die Legende verweist auf die Ausprägung der Flussdichte in Tesla

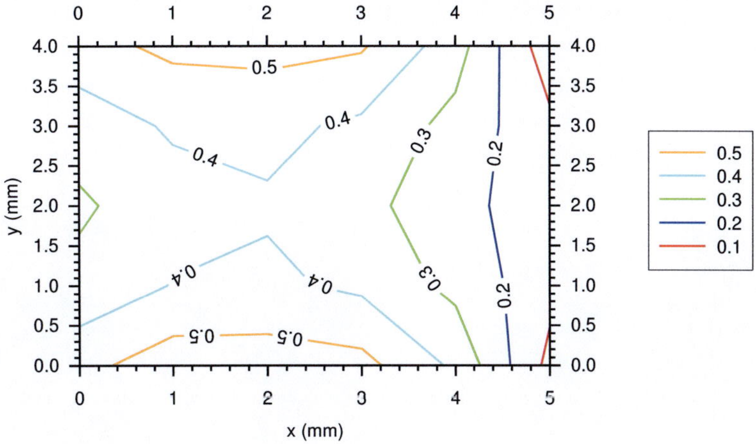

z=3 mm

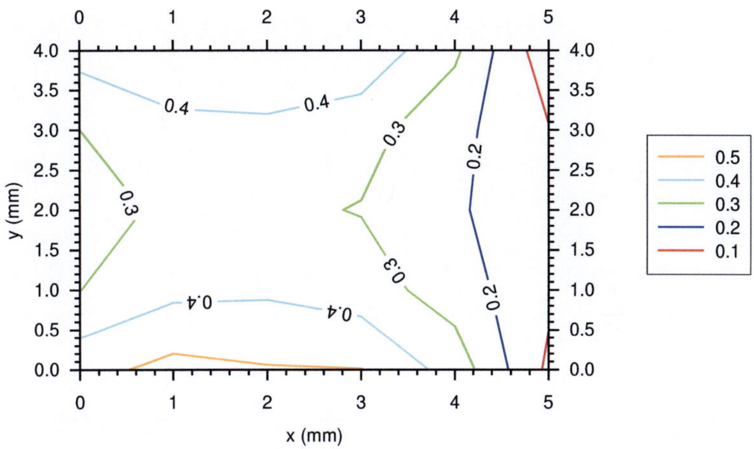

z=4 mm

Abb. 5-14: Verlauf der Flussdichte im 4 mm breiten Spalt zwischen zwei gegenüberliegenden Polen (an den Positionen y=0 mm und y=4 mm) in Tesla für verschiedene z-Positionen, die Legende verweist auf die Ausprägung der Flussdichte in Tesla

Die dabei auftretenden Widerstandsänderungen wurden aufgezeichnet. Der erzielte Magnetowiderstandseffekt liegt bei 0,14% für eine Aktorposition bei z=2 mm. Diese Ausprägung und die geringe Variation der Flussdichte war der Anlass, ein weiteres Design für den Magnethalter zu entwickeln. Dabei erfolgte die Anordnung der komplementären Pole im Winkel von 90° (siehe Abb. 5-15).

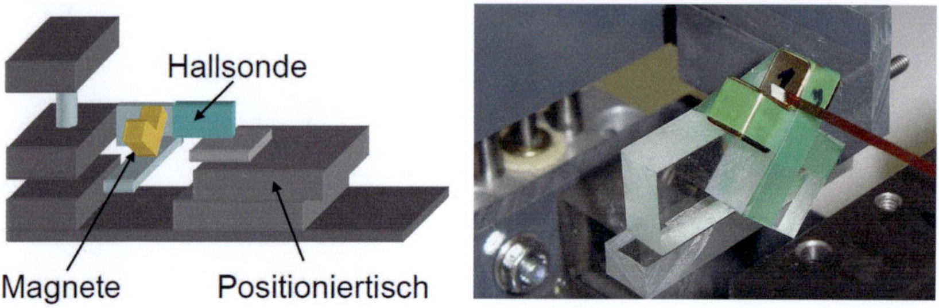

Abb. 5-15: Ausmessung der rechtwinkligen Magnetanordnung mit einer Miniatur-Hallsonde

Die Applikation des rechten Winkels erleichtert den Aufbau des Ablenksystems. Aufgrund des projektierten Feldverlaufs verspricht diese Variante eine höhere Varianz der Flussdichte bei gleich bleibendem Auslenkungsbereich des Aktors. Auch in diesem Fall wurden die im Verhältnis zum Volumen stärksten Fe-Nd-B-Magnete mit einer Kantenlänge von 5 mm verwendet. Im Folgenden sind die mit der Miniatur-Hallsonde ermittelten Flussdichten, ausgehend von der vertikalen Mittelachse in horizontaler Ausbreitung, dargestellt (siehe Abb. 5-16 und Abb. 5-17). Die Position z beschreibt dabei den zur Aktorauslenkung relevanten Bereich zwischen 0 mm und 3 mm. An letzterem Punkt berühren die äußeren Kanten der Aktorspitze im maximal ausgelenkten Zustand die Magnete. Für den Bereich zwischen z=1 mm und z=3 mm konnte eine starke Varianz der Flussdichte festgestellt werden.

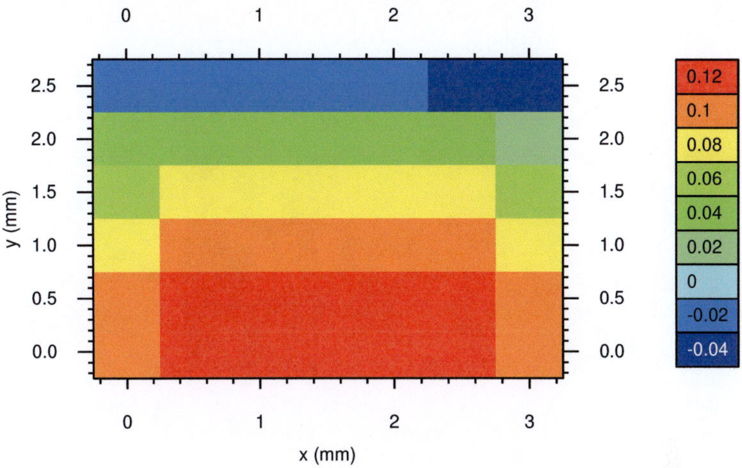

z=0 mm

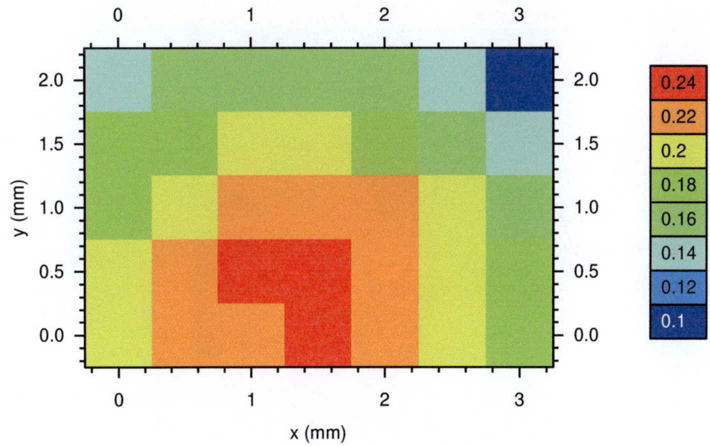

z=1 mm

Abb. 5-16: Verlauf der Flussdichte im verjüngenden Spalt zwischen im Winkel von 45° geneigt angeordneten Permanentmagneten, die Legende verweist auf die Ausprägung der Flussdichte in Tesla

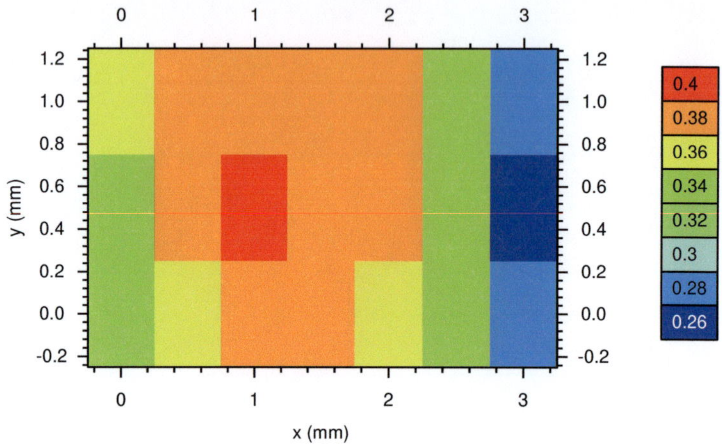

z=2 mm

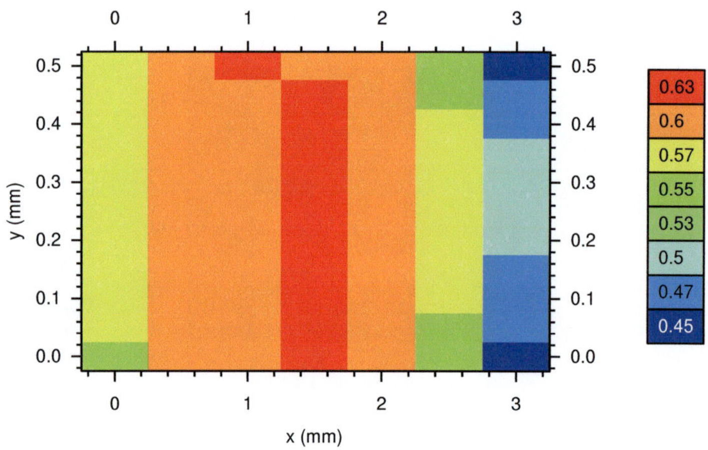

z=3 mm

Abb. 5-17: Verlauf der Flussdichte im verjüngenden Spalt zwischen im Winkel von 45° geneigt angeordneten Permanentmagneten, die Legende verweist auf die Ausprägung der Flussdichte in Tesla

Die höchste Flussdichte ergibt sich dabei im Bereich der vertikalen Symmetrielinie bei y=0 mm, mit Ausnahme der Position z=2 mm. Die Feldstärke bleibt ausgehend von der Mitte bis in den Bereich der Ränder der Permanentmagnete bei x=0,5 mm und x=2,5 mm auf hohem Niveau. Ein in diesem Bereich positionierter Biegeaktor weist eine ausreichend hohe Änderung des elektrischen Widerstands durch den Magnetowiderstandseffekt auf (siehe Abb. 5-18).

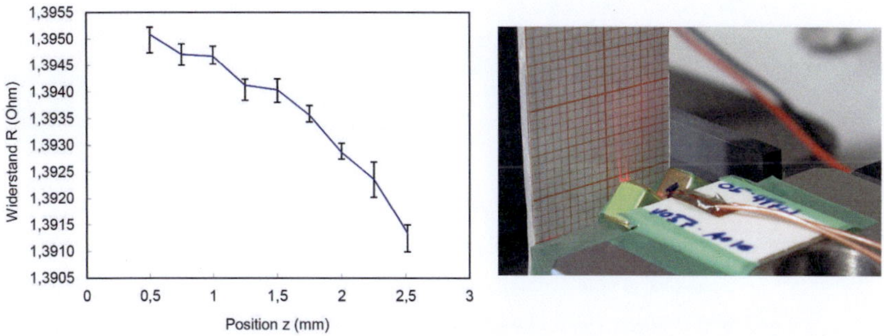

Abb. 5-18: Verlauf des Magnetowiderstands in Abhängigkeit von der Aktorposition (links), indirekte Auslenkungsbestimmung (rechts)

Der maximal erzielte Wert für den Magnetowiderstandseffekt bei Raumtemperatur liegt bei 0,26% und entspricht damit dem Wert, der im Elektromagneten für 680 mT bei Raumtemperatur ermittelt wurde (siehe Kapitel 3.4.5). Allerdings muss der Aktor erst 0,5 mm in den Spalt zwischen den geneigten Permanentmagneten eintauchen, bevor eine Reduktion des intrinsischen Widerstands messbar ist. Dies ist auf die große Distanz der geneigten Permanentmagnete an dieser Stelle zurückzuführen. Dieser Ansatz ist für eine Aktorbewegung im Bereich zwischen z=1,5 mm und z=2,5 mm vielversprechend, da eine ausgeprägte Zunahme des Magnetowiderstands mit der Position erkennbar ist.

5.3.2 Simulation

Zur Ermittlung der Flussdichte-Verteilung für die geneigten Permanentmagnete wurde eine Simulationsrechnung durchgeführt (siehe Abb. 5-19). Für einen Neigungswinkel von 55° gegen die vertikale Achse konnte dabei ein zum Experiment ähnlicher Feldverlauf bestätigt werden. Auch hier reicht die Varianz im Auslenkungsbereich des Aktors von ca. 320 mT bis 640 mT.

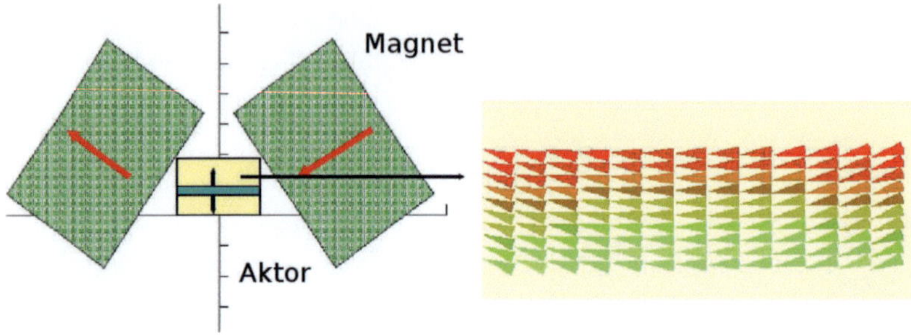

Abb. 5-19: Simulation des Magnetfeldes geneigter Permanentmagnete, die berechneten Feldstärken sind farblich codiert (hellgrün entspricht 3100 Gauss, dunkelrot 6400 Gauss), die Pfeile kennzeichnen die Feldrichtung

5.4 Zusammenfassende Bewertung

Die Auswertung von Versuchsdaten hinsichtlich der Leistungsfähigkeit des Magnetowiderstandseffektes zur Positionsbestimmung lässt im Bereich des Signalmaximums auf eine Genauigkeit von 10 µm schließen. In diesem Fall wird eine Flussdichte von 0,68 Tesla benötigt, die ein einzelner Permanentmagnet nicht aufweist. Die Verwendung des MR-Effektes als präzisen Sensor im Rahmen eines mikrooptischen Ablenksystems erfordert deshalb eine Kombination von Permanentmagneten, die die geforderte Flussdichte im Bereich der Aktorauslenkung bereitstellen. Untersuchungen haben als optimales Design eine Ausrichtung im 90° Winkel ergeben. Daraus resultiert eine Flussdichte von 0,63 Tesla und ein realer MR-Effekt von 0,26%.

6 Zusammenfassung und Ausblick

Diese Arbeit behandelt die Implementierung einer Positionsermittlung für einen Biegebalkenaktor in einem miniaturisierten optischen Ablenksystem. Als Aktormaterial findet dabei die ferromagnetische Formgedächtnislegierung Ni-Mn-Ga Verwendung, die sowohl über aktorische als auch sensorische Materialeigenschaften verfügt. Der thermische Formgedächtniseffekt und der Ferromagnetismus in der martensitischen Phase bilden die Grundlage für einen sich im Feld eines Permanentmagneten bewegenden Biegeaktors zur Strahlablenkung. Der Einfluss der magnetischen Flussdichte auf den elektrischen Widerstand des Aktormaterials ermöglicht darüber hinaus eine neuartige sensorische Anwendung. Die Eignung dieses Magnetowiderstandseffektes zur Positionsbestimmung wurde im Rahmen dieser Arbeit erstmalig untersucht. Im direkten Vergleich der Leistungsfähigkeit kamen am Biegebalken auch zwei miniaturisierte Sensorprinzipien zum Einsatz, die auf einer Evaluierung eines Dehnmessstreifens oder einer Änderung der Kapazität basieren. Auch diese Anwendungen wurden zum ersten Mal an einem Biegeaktor aus Ni-Mn-Ga-Dünnfilmen untersucht. Die dafür benötigten Bauelemente wurden im Rahmen dieser Arbeit entwickelt, hergestellt und getestet. Der Ansatz ermöglicht die optimale multifunktionale Ausnutzung der im System vorhandenen Ressourcen und minimiert das Hinzufügen von neuen Elementen in das Ablenksystem.

Die technischen Parameter des Magnetowiderstandseffektes wurden für die sensorische Verwendung der Formgedächtnislegierung $Ni_{51.4}Mn_{28.3}Ga_{20.3}$ untersucht. Bei Raumtemperatur konnte bei einer Flussdichte von 0,68 Tesla eine maximale Widerstandsänderung von -0,26% gemessen werden. Dies entspricht einem normierten Wert von 0,4%/Tesla und ist damit beträchtlich höher als bisher publizierte Werte [Lun02, Gol04]. Das Verhalten ist zudem stark von der Materialtemperatur abhängig. So wurde eine maximale Ausprägung von -0,77% bei einer Flussdichte von 0,68 Tesla und 360 K gemessen. Die Curie-Temperatur des Materials beträgt 370 K.

Zur Analyse der konkurrierenden Messprinzipien des Dehnmessstreifens und der kapazitiven Abstandsermittlung wurde ein neuer Aktorhalter mit integriertem, nach unten auslenkendem Permanentmagneten entworfen. Bei der kapazitiven Methode entspricht eine Signaländerung von 2,15 pF einer Auslenkung von 250 µm. Die dazugehörige Messgenauigkeit beträgt 0,1 pF und erlaubt eine Positioniergenauigkeit von 10 µm. Beim Dehnmessstreifen führt eine Änderung der Auslenkung um 100 µm zu einer Widerstandsänderung von 0,1 Ohm. Hier beträgt die Messgenauigkeit 0,5 mOhm und führt so zu einer theoretischen Positioniergenauigkeit von 1 µm. Diese Signale wurden einer Untersuchung des Magnetowiderstandseffektes gegenüber gestellt, der die maximalen Feldwerte eines würfelförmigen Nd-Fe-B Permanentmagneten mit einer Kantenlänge von 5 mm zu Grunde liegen. Die dabei zur Verfügung stehende maximale mittlere Flussdichte beträgt 0,38 Tesla, wodurch der maximale Magnetowiderstandseffekt bei 0,19% liegt. Somit ergibt sich für das miniaturisierte Ablenksystem mit dem Signalmaximum bei dem Punkt z/z_0=0,28 und einer maximalen Auslenkung von 200 µm in Verbindung mit der Messgenauigkeit von 0,5 mOhm eine Positioniergenauigkeit von 18 µm. Durch eine geneigte Anordnung von zwei Permanentmagneten jeweils im Winkel von 45° zur Nomalen konnte eine Systemkonfiguration mit einer Flussdichte von 0,63 Tesla erzielt werden. Damit kann ein Magnetowiderstandseffekt von -0,25% hervorgerufen werden.

Der ursprüngliche Systemaufbau sieht einen einzelnen Permanentmagneten zur Vorauslenkung vor und beschränkt damit die mittlere Flussdichte auf 0,38 Tesla. Unter diesen Randbedingungen ist der Magnetowiderstandseffekt als vorhandener Materialeffekt nur als zusätzliches Signal zur Positionierung verwendbar. Für eine Flussdichte von 0,68 Tesla ist eine Genauigkeit von 10 µm möglich. Diese liegt im Bereich der kapazitiven Auswertung, bei der die Messgenauigkeit 0,1 pF und ebenfalls 10 µm beträgt. Zur Implementierung sind konzeptionelle Änderungen an der Ausrichtung der Permanentmagneten zur Erhöhung der Flussdichte nötig. Die im Rahmen dieser Arbeit erzielten Ergebnisse demonstrieren die Kombination von Magnetfeld-induzierter Aktorik und Magnetowiderstands-Sensorik in einem Bauteil, wodurch sich neue Möglichkeiten für kompakte und funktionelle Mikrosysteme ergeben. Während der thermische Einfluss auf das martensitische Gefüge den Magnetowiderstandseffekt verstärkt, benötigt die resistive Auswertung der Legierung oder des Dehnmessstreifens eine rechnerische Temperaturkompensation.

Die im Rahmen dieser Arbeit gewonnenen Ergebnisse können als Auslegungsgrundlage beim Aufbau eines hochintegrierten adaptiven mikrooptischen Ablenksystems dienen. Die Variante der im Winkel von 45° angeordneten Permanentmagnete bietet sich auf Grund des starken Feldgradienten, der gerichteten Aktorauslenkung und der erzielbaren hohen magnetischen Flussdichte von 0,63 Tesla dafür an. Erste Integrationstests mit Biegebalkenaktoren zur Strahlablenkung bestätigen das Potential dieses Designs (vergleiche Abb. 5-18). Zugleich ergab sich der Bedarf an zusätzlichen Informationen hinsichtlich des thermischen Einflusses der Permanentmagneten auf den Formgedächtnisaktor. Dieser muss bei der Aktoransteuerung und der sensorischen Auswertung berücksichtigt werden. Aufbauend auf diese Konfiguration und der für dieses Arbeit entwickelten Software zur Signalauswertung sollte die Implementierung eines Regelkreises in LabView zur Verwendung in einem adaptiven optischen Ablenksystem möglich sein.

A Literaturverzeichnis

[Aga05] Agarwal, A.; Kohl, M.; Chernenko, V. & Ohtsuka, M. (2005), 'Magnetomechanical properties of polycrystalline Ni-Mn-Ga thin film actuators', *Proceedings of E-MRS 2005, Symposium C*, Warsaw, 85.

[Ahl90] Ahlers, H. (1990), *Mikroelektronische Sensoren*, (Heidelberg: Hüthig Buch Verlag).

[Arr57] Arrott, A. (1957), 'Criterion for ferromagnetism from observations of magnetic isotherms', *Physical Review* **108**(6), 1394-1396.

[Asu08] Asua, E.; Garcia-Arribas, A. & Etxebarria, V. (2008), 'Micropositioning using shape memory alloy actuators', *The European Physical Journal, Special Topics* **158**, 231-236.

[Aue08] Auernhammer, D.; Schmitt, M.; Ohtsuka, M. & Kohl, M. (2008), 'Ni-Mn-Ga nanostructures produced by electron beam lithography and Ar-ion etching', *The European Physical Journal, Special Topics* **158**, 249-254.

[Aue09] Auernhammer, D.; Kohl, M.; Krevet, B. & Ohtsuka, M. (2009), 'Intrinsic position sensing of a Ni-Mn-Ga microactuator', *Smart Materials and Structures* **18**(10), 104016/1-7.

[Ayu99] Ayuela, A.; Enkovaara, J.; Ullakko, K. & Nieminen, R. (1999), 'Structural properties of magnetic Heusler alloys', *Journal of Physics: Condensed Matter* **11**, 2017-2026.

[Bei95] Beitu, W. & Küttner, K. (1995), *Dubbel: Taschenbuch für den Maschinenbau*, (Berlin: Springer).

[Bha92] Bhattacharya, K. (1992), 'Self-accommodation in martensite', *Archive for Rational Mechanics and Analysis* **120**(3), 201-244.

[Bin99] Binder, H. (1999), *Lexikon der chemischen Elemente*, (Stuttgart: Hirzel).

[Bri93] Brinson, L. (1993), 'One dimensional constitutive behavior of shape memory alloys', *Journal of Intelligent Material Systems and Structures* **4**, 229-242.

[Bri96] Brinson, L. & Huang, M. (1996), 'Simplifications and comparisons of shape memory alloy constitutive models', *Journal of Intelligent Material Systems and Structures* **7**, 108-114.

[Bru04] Brugger, D.; Kohl, M.; Winzek, B. & Schmitz, S. (2004), 'Optical microscanner based on SMA thin film composite', *Proceedings of 9th international conference on new actuators, Bremen*, 2004, pp. 90-93.

[Bru06] Brugger, D. (2006), 'Miniatur-Laserscanner für mobile Anwendungen', PhD thesis, Universität Karlsruhe (TH), Institut für Mikrostrukturtechnik (IMT).

[Bue63] Buehler, W. J.; Gilfrich, J. V. & Wiley, R. C. (1963), 'Effect of Low-Temperature Phase Changes on the Mechanical Properties of Alloys near Composition TiNi', *Journal of Applied Physics* **34**, 1475.

[Bus06] Buschow, K. (2006), *Handbook of magnetic materials*, (North Holland).

[Bue94] Büstgen, B.; Bacher, W.; Bier, W.; Ehnes, R.; Maas, D. & Ruprecht, R. (1994), 'Micromembrane pump manufactured by molding', *Proceedings of 4th international conference on new actuators, Bremen, 86-90.*

[Cha51] Chang, L. C. & Read, T. A. (1951), 'Plastic deformation and diffusionless phase changes in metals — the gold-cadmium beta phase', *J. Metals Trans.* **191**, 47-52.

[Che01] Cherechukin, A.; Dikshtein, I.; Ermakov, D.; Glebov, A.; Koledov, V.; Kosolapov, D.; Shavrov, V.; Tulaikova, A.; Krasnoperov, E. & Takagi, T. (2001), 'Shape memory effect due to magnetic field-induced thermoelastic martensitic transformation in polycrystalline Ni-Mn-Fe-Ga alloy', *Physics Letter A* **291**, 175-183.

[Che06] Chernenko, V.; Kohl, M.; Doyle, S.; Müllner, P. & Ohtsuka, M. (2006), 'Texture and transformation characteristics of Ni-Mn-Ga films deposited on alumina', *Scripta Materialia* **54**, 1287-1291.

[Dik00] Dikshtein, I.; Ermakov, D.; Koledov, V.; Koledov, L.; Takagi, T.; Tulaikova, A.; Cherechukin, A. & Shavrov, V. (2000), 'Reversible structural phase transition in Ni-Mn-Ga alloys in a magnetic field', *JETP Letters* **72**, 373-376.

[Doy08] Doyle, S.; Chernenko, V.; Besseghini, S.; Gambardella, A.; Kohl, M.; Müllner, P. & Ohtsuka, M. (2008), 'Residual stress in Ni-Mn-Ga thin films deposited on different substrates', *The European Physical Journal, Special Topics* **158**, 99-105.

[Due90] Duerig, T.; Melton, K.; Stöckel, D. & Wayman, C. (1990), *Engineering aspects of shape memory alloys*, (London: Butterworth-Heinemann).

[Fri06] Frick, C.; Lang, T.; Spark, K. & Gall, K. (2006), 'Stress-induced martensitic transformations and shape memory at nanometer scales', *Acta materialia* **54**, 2223.

[Fae08] Fähler, S.; Heczko, O.; Thomas, M.; Niemann, R.; Buschbeck, J. & Schultz, L. (2008), 'Recent progress towards active epitaxial Ni-Mn-Ga magnetic shape memory films', *Proceedings of international conference on new actuators, Bremen, 754-757.*

[Gar00] Garnier, A.; Bourouina, T.; Orsier, E.; Masuzawa, T.; Fujita, H.; Hiramoto, T. & Peuzin, J. (2000), 'A fast, robust and simple 2-D micro-optical scanner based on contactless magnetostrictive actuation', *'Proceedings of 13th IEEE international micro electro mechanical systems conference, Miyazaki, 715-720.*

[Gol04] Golub, V.; Vovk, A.; Malkinski, L. & O'Connor, C. (2004), 'Anomalous magnetoresistance in Ni-Mn-Ga thin films', *Journal of Applied Physics* **96**, 3865-3869.

[Gro08] Gross, D.; Hauger, W.; Schröder, J. & Wall, W. (2008), *Technische Mechanik 1: Band 1*, (Berlin: Springer).

[Gru08] Grund, T.; Guerre, R.; Despont, M. & Kohl, M. (2008), 'Transfer bonding technology for batch fabrication of SMA microactuators', *The European Physical Journal, Special Topics* **158**, 237-242.

[Has02] Hassdorf, R.; Feydt, J.; Pascal, R.; Thienhaus, S.; Boese, M.; Sterzl, T.; Winzek, B. & Moske, M. (2002), 'Phase formation and structural sequence of highly-oriented MBE-grown NiTiCu shape memory films', *Materials Transactions* **43**, 933-938.

[Hei01] Heinzl, J. (2001), *Vorlesungsskript Feingerätebau*, TU München.

[Hen02] Henry, C.; Bono, D.; Feuchtwanger, D.; Allen, S. & O'Handley, R. (2002), 'AC field-induced strain of single crystal Ni-Mn-Ga', *Journal of Applied Physics* **91**, 7810.

[Her05] Herding, M. (2005), 'Auslegung, Simulation und Fertigung eines elektrostatisch betriebenen, selbstjustierenden, optischen 1x2 Multiplexers', PhD thesis, Albert-Ludwigs-Universität Freiburg (Breisgau), Institut für Mikrosystemtechnik.

[Heu03] Heusler, F. (1903), 'Bericht der deutschen physikalischen Gesellschaft, Marburg, Abt. 5, p. 219', Deutsche physikalische Gesellschaft.

[Heu04] Heusler, F.; Richarz, F.; von Starck, W. & Haupt, E. (1904), 'Über die ferromagnetischen Eigenschaften von Legierungen unmagnetischer Metalle', *Schriften der Ges. z. Beförderung der gesamten Naturwissenschaften zu Marburg* **13**, 237.

[Hor02] Hornbeck, L. (2002), 'Digital Light Processing: A new MEMS-based display technology', Technical report, Texas Instruments.

[Kai06] Kainuma, R.; Imano, Y.; Ito, W.; Sutou, Y.; Morito, H.; Okamoto, S.; Kitakami, O.; Oikawa, O.; Fujita, A.; Kanomata, T. & Ishida, K. (2006), 'Magnetic-field-induced shape recorvery by reverse phase transformation', *Nature Letters* **439**, 957-960.

[Kal06] Kallweit, D.; Mönch, W. & Zappe, H. (2006), 'Silizium-Mikrospiegel mit integriertem optischen Feedback', Technical report, Universität Freiburg, IMTEK.

[Kar06] Karaman, I.; Karaca, H.; Basaran, B.; Lagoudas, D.; Chumlyakov, Y. & Maier, H. (2006), 'Stress-assisted reversible magnetic field-induced phase transformation in Ni2MnGa magnetic shape memory alloys', *Scripta Materialia* **55**, 403-406.

[Khe08] Khelfaoui, F.; Kohl, M.; Buschbeck, J.; Heczko, O.; Fähler, S. & Schultz, L. (2008), 'A fabrication technology for expitaxial Ni-Mn-Ga microactuators', *The European Physical Journal, Special Topics* **158**, 167-172.

[Kie95] Kiencke, U. & Kronmüller, H. (1995), *Meßtechnik*, (Heidelberg: Springer).

[Kob05] Kobayashi, T.; Tsaur, J. & Maeda, R. (2005), 'Fabrication of optical micro scanner driven by PZT actuators', *Japanese Journal of Applied Physics* **44**, 7078-7082.

[Koh03] Kohl, M.; Yamauchi, K.; Ohtsuka, M. & Takagi, T. (2003), 'Aktor für einen optisch-mechanischen Scanner sowie Verfahren unter Verwendung des Aktors', Technical report, EP 1488103, PCT/EP03/02382.

[Koh03a] Kohl, M.; Hoffmann, S.; Liu, Y.; Ohtsuka, M. & Takagi, T. (2003), 'Optical scanner based on a NiMnGa thin film microactuator', *Journal de Physique IV* **112**, 1185-1188.

[Koh04] Kohl, M. (2004), *Shape memory microactuators*, (Heidelberg: Springer).

[Koh04a] Kohl, M.; Brugger, D.; Ohtsuka, M. & Takagi, T. (2004), 'A novel actuation mechanism on the basis of ferromagnetic SMA thin films', *Sensors and actuators* **114**, 445-450.

[Koh06] Kohl, M.; Krevet, B.; Ohtsuka, M.; Brugger, D. & Liu, Y. (2006), 'Ferromagnetic shape memory microactuators', *Materials Transactions* **47**, 639-644.

[Koi08] Koike, K.; Ohtsuka, M.; Matsumoto, M.; Adachi, Y.; Takagi, T. & Kato, H. (2008), 'Effects of Fe and Co addition on the magnetoresistance in Ni-Mn-Fe-Ga films', *The European Physical Journal, Special Topics* **158**, 143-147.

[Kol94] Koller, R. (1994), *Konstruktionslehre für den Maschinenbau*, (Heidelberg: Springer).

[Kre05] Krevet, B. & Kohl, M. (2005), 'Simulation of a ferromagnetic shape memory actuator in a magnetic field', *Mater. Res. Soc. Symp. Proc.,* **2005**, *881E*, CC4.10.1-6.

[Kre06] Krevet, B.; Kohl, M. & Brugger, D. (2006), 'Coupled simulation of the thermo-magneto-mechanical properties of a Ni-Mn-Ga actuator', *International Journal of Applied Electromagnetics and Mechanics* **23**, 125-131.

[Kre08] Krevet, B.; Auernhammer, D.; Ohtsuka, M.; Seelecke, S. & Kohl, M. (2008), 'Development of a Ni-Mn-Ga microdevice for actuation and sensing', *International Conference for Shape Memory and Superelastic Technologies (SMST 2008), Stresa*

[Kre08a] Krevet, B. & Kohl, M. (2008), 'Modeling and FEM simulation of shape memory microactuators', *Mater. Sci. Forum* **583**, 225-229.

[Kue83] Kübler, J.; Williams, A. & Sommers, C. (1983), 'Formation and coupling of magnetic moments in Heusler alloys', *Physical Review B* **28**, 1745-1755.

[Lan00] Lang, O. (2000), 'Darstellung und Untersuchung von Materialien mit negativem Magnetowiderstand', PhD thesis, Universität Mainz, Institut für anorganische Chemie und analytische Chemie.

[Lan04] Lanska, N.; Söderberg, O.; Sozinov, A.; Ge, Y.; Ullakko, K. & Lindroos, V. (2004), 'Composition and temperature dependence of the crystal structure of Ni-Mn-Ga alloys', *Journal of Applied Physics* **95**(12), 8074-8078.

[Liu03] Liu, Y. (2003), 'Formgedächtnis-Mikroventile mit hoher Energiedichte', PhD thesis, Universität Karlsruhe (TH), Institut für Mikrostrukturtechnik (IMT).

[Lun02] Lund, M.; Dong, J.; Lu, J.; Dong, X.; Palmstrom, C. & Leighton, C. (2002), 'Anomalous magnetotransport properties of epitaxial full heusler alloys', *Applied Physics Letter* **80**, 4798-4800.

[Lue05] Lüth, T. & Irlinger, F. (2005), *Vorlesungsskript Mikrotechnische Sensoren und Aktoren*, TU München.

[Mag90] Magnus, K. & Müller, H. (1990), *Grundlagen der technischen Mechanik*, (Stuttgart: Teubner).

[Mar07] Marti, O. & Plettl, A. (2007), *Vorlesungsskript Physikalische Elektronik und Messtechnik*, Universität Ulm.

[Mat99] Matsumoto, M.; Takagi, T.; Tani, J.; Kanomata, T.; Muramatsu, N. & Vasil'ev, A. (1999), 'Phase transformation of Heusler type Ni2+xMn1-xGa (x=0 ... 0.19)', *Materials Science and Engineering* **A273-275**, 326-328.

[Men97] Menz, W. & Mohr, J. (1997), *Mikrosystemtechnik für Ingenieure*, (Weinheim: VCH Verlagsgesellschaft mbH).

[Mur06] Murray, S.; Marioni, M.; Allen, S.; O'Handley, R. & Lograsso, T. (2000), '6% magnetic-field-induced strain by twin-boundary motion in ferromagnetic Ni-Mn-Ga', *Applied Physics Letter* **77**, 886-888.

[Oht00] Ohtsuka, M. & Itagaki, K. (2000), 'Effect of heat treatment on properties of Ni-Mn-Ga films prepared by a sputtering method', *International Journal of Applied Electromagnetics and Mechanics* **12**, 49-59.

[Oht08] Ohtsuka, M.; Sekino, J.; K. Koyama, K.; Takagi, T. & Itagaki, K. (2008), 'Magnetostructural phase transformation and shape memory effect of Fe-added Ni2MnGa films', *The European Physical Journal, Special Topics* **158**, 173-178.

[Ots98] Otsuka, K. & Wayman, C. M., ed. (1998), *Shape memory materials*, (Cambridge: Cambridge University Press).

[Pet78] Petersen, K. (1978), 'Dynamic micromechanics on silicon: Techniques and devices', *IEEE Transactions on Electron Devices* **25**, 1241-1250.

[Phy04] N.N. (2004), 'Tutorium: Piezoaktorik und Nanopositionierung', Technical report, Physik Instrumente (PI).

[Pon00] Pons, J.; Chernenko, V.; Santamarta, R. & Cesari, E. (2000), 'Crystal structure of martensitic phases in Ni-Mn-Gashape memory alloys', *Acta Materialia* **48**, 3027-3038.

[Poz99] Pozzi, M. & Airoldi, G. (1999), 'The electrical transport properties of shape memory alloys', *Materials Science and Engineering* **273-275**, 300-304.

[Qua94] Quandt, E.; Gerlach, B. & Seemann, K. (1994), 'Preparation and applications of magnetostrictive thin films', *Journal of Applied Physics* **76**, 7000-7002.

[Rae05] Rädle, K. (2005), *Vorlesungsskript Mess- und Regelungstechnik*, HS Mannheim.

[Rap09] Rapp, B. (2009), 'Entwicklung eines Biosensorarray-Systems auf der Basis von akkustischen Oberflächenwellensensoren mit integrierter einwegtauglicher Mikrofluidik', PhD thesis, Universität Karlsruhe (TH), Institut für Mikrostrukturtechnik (IMT).

[Rey95] Reynaerts, D.; Peirs, J. & Van Brussel, H. (1995), 'Production of shape memory alloys for microactuation', *Journal of Micromechanical Microengineering* **5**, 150-152.

[Sch97] Schmidt, W. (1997), *Sensorschaltungstechnik*, (Würzburg: Vogel Buchverlag).

[Sch01] Schenk, H.; Dürr, P.; Kunze, D.; Lakner, H. & Kück, H. (2001), 'A resonantly excited 2D-micro-scanning-mirror with large deflection', *Sensors and actuators* **89**, 104-111.

[Soe04] Söderberg, O.and Straka, L.; Novak, V.; Heczko, O.; Hannula, S. & Lindroos, V. (2004), 'Tensile/compressive behaviour of non-layered tetragonal Ni52.8Mn25.7Ga21.5 alloy', *Materials Science and Engineering A* **386**, 27-33.

[Soe05] Söderberg, O.; Ge, Y.; Sozinov, A.; Hannula, S. & Lindroos, V. (2005), 'Recent breakthrough development of the magnetic shape memory effect in Ni-Mn-Ga alloys', *IOP Smart materials and structures* **14**, 223-235.

[Soz02] Sozinov, A.; Likhachev, A.; Lanska, N. & Ullakko, K. (2002), 'Giant magnetic-field-induced strain in NiMnGa seven-layered martensitic phase', *Applied Physics Letter* **80**, 1746-1749.

[Sto88] Stöckel, D.; Tautzenberger, P.; Ritter, F. & Hornbogen, E. (1988), *Legierungen mit Formgedächtnis*, (Ehningen: Expert Verlag).

[Str03] Straka, L. & Heczko, O. (2003), 'Magnetic anisotropy in Ni-Mn-Ga martensites', *Journal of Applied Physics* **93**(10), 8636-8638.

[Suz99] Suzuki, M.; Ohtsuka, M.; Suzuki, T.; Matsumoto, M. & Miki, H. (1999), 'Fabrication and characterisation of sputtered Ni2MnGa thin films', *Materials Transactions* **40**, 1174-1177.

[Tab98] Tabib-Azar, M. (1998), *Microactuators*, (Boston: Kluwer Academic Publishers).

[Tak03] Takeuchi, I.; Famodu, O.; Read, J.; Aronova, M.; Chang, K.; Craciunescu, C.; Lofland, S.; Wuttig, M.; Wellstood, F.; Knauss, L. & Orozco, A. (2003), 'Identification of novel compositions of ferromagnetic shape-memory alloys using composition spreads', *Nature materials* **2**, 180-184.

[Tan86] Tanaka, K. (1986), 'A thermomechanical sketch of shape memory effect: One dimensional tensile behavior', *Res Mech.* **18**, 251-263.

[Tho08] Thomas, M.; Heczko, O.; Buschbeck, J.; Rößler, U.; McCord, J.; Scheerbaum, N.; Schultz, L. & Fähler, S. (2008), 'Magnetically induced reorientation of martensite variants in constrained epitaxial Ni-Mn-Ga films grown on MgO(001)', *New Journal of Physics* **10**, 2-19.

[Ull96] Ullakko, K.; Huang, J.; Kantner, C. & O'Handley, R. (1996), 'Large magnetic-field-induced strains in Ni2MnGa single crystals', *Applied Physics Letter* **69**(13), 1966-1968.

[Vid08] Vidal, N.; Asua, E.; Feuchtwanger, J.; Garcia-Arribas, A.; Gutierrez, J. & Barandiaran, J. (2008), 'FEM simulation of the Nitinol wire', *The European Physical Journal, Special Topics* **158**, 39-44.

[Web84] Webster, R.; Ziebeck, K.; Town, S. & Peak, M. (1984), 'Magnetic order and phase transformation in Ni2MnGa', *Philos. Mag. B* **49**(3), 295-310.

[Win00] Wine, D.; Helsel, M.; Jenkings, L.; Urey, H. & Osborn, T. (2000), 'Performance of a biaxial MEMS-based scanner for microdisplay applications', *Conference on MOEMS and miniaturized systems, SPIE* ***4178***, 186-196.

[Yan03] Yan, J.; Luanava, S. & Casasanta, V. (2003), 'Magnetic actuation for MEMS scanners for retinal scanning displays', *Proceedings of SPIE, MOEMS display and imaging systems*, 115-120.

[Yus06] Yu, S.; Liu, Z.; Liu, D.; Chen, J.; Cao, Z. & Wu, G. (2006), 'Large magnetoresistance in single-crystalline Ni50Mn50-xInx alloys (x=14-16) upon martensitic transformation', *Applied Physics Letter* **89**, 1625-1630.

Schriften des Instituts für Mikrostrukturtechnik am Karlsruher Institut für Technologie (ISSN 1869-5183)

Herausgeber: Institut für Mikrostrukturtechnik

Die Bände sind unter www.ksp.kit.edu als PDF frei verfügbar oder als Druckausgabe bestellbar.

Band 1 Georg Obermaier
Research-to-Business Beziehungen: Technologietransfer durch Kommunikation von Werten (Barrieren, Erfolgsfaktoren und Strategien). 2009
ISBN 978-3-86644-448-5

Band 2 Thomas Grund
Entwicklung von Kunststoff-Mikroventilen im Batch-Verfahren. 2010
ISBN 978-3-86644-496-6

Band 3 Sven Schüle
Modular adaptive mikrooptische Systeme in Kombination mit Mikroaktoren. 2010
ISBN 978-3-86644-529-1

Band 4 Markus Simon
Röntgenlinsen mit großer Apertur. 2010
ISBN 978-3-86644-530-7

Band 5 K. Phillip Schierjott
Miniaturisierte Kapillarelektrophorese zur kontinuierlichen Überwachung von Kationen und Anionen in Prozessströmen. 2010
ISBN 978-3-86644-523-9

Band 6 Stephanie Kißling
Chemische und elektrochemische Methoden zur Oberflächenbearbeitung von galvanogeformten Nickel-Mikrostrukturen. 2010
ISBN 978-3-86644-548-2

Band 7 Friederike J. Gruhl
Oberflächenmodifikation von Surface Acoustic Wave (SAW) Biosensoren für biomedizinische Anwendungen. 2010
ISBN 978-3-86644-543-7

Band 8 Laura Zimmermann
Dreidimensional nanostrukturierte und superhydrophobe mikrofluidische Systeme zur Tröpfchengenerierung und -handhabung. 2011
ISBN 978-3-86644-634-2

Schriften des Instituts für Mikrostrukturtechnik am Karlsruher Institut für Technologie (ISSN 1869-5183)

Band 9 Martina Reinhardt
Funktionalisierte, polymere Mikrostrukturen für die dreidimensionale Zellkultur. 2011
ISBN 978-3-86644-616-8

Band 10 Mauno Schelb
Integrierte Sensoren mit photonischen Kristallen auf Polymerbasis. 2012
ISBN 978-3-86644-813-1

Band 11 Auernhammer, Daniel
Integrierte Lagesensorik für ein adaptives mikrooptisches Ablenksystem. 2012
ISBN 978-3-86644-829-2